电力工程及其自动化控制

缪成清　张　森　苗中杰　编著

吉林科学技术出版社

图书在版编目（CIP）数据

电力工程及其自动化控制 / 缪成清，张森，苗中
杰编著 . -- 长春：吉林科学技术出版社，2019.6
ISBN 978-7-5578-5340-2

Ⅰ．①电… Ⅱ．①缪… ②张… ③苗… Ⅲ．①电力工程－
自动控制系统 Ⅳ．① TM7

中国版本图书馆 CIP 数据核字（2019）第 102802 号

电力工程及其自动化控制

DIANLI GONGCHENG JIQI ZIDONGHUA KONGZHI

编　　著	缪成清　张　森　苗中杰
出 版 人	李　梁
责任编辑	朱　萌
封面设计	长春美印图文设计有限公司
制　　版	长春美印图文设计有限公司
幅面尺寸	170mm×240mm　1/16
字　　数	240 千字
印　　张	10.75
版　　次	2019 年 6 月第 1 版
印　　次	2019 年 6 月第 1 刷
出　　版	吉林科学技术出版社
发　　行	吉林科学技术出版社
地　　址	长春市净月区福祉大路 5788 号
邮　　编	130118

发行部电话 / 传真　0431—81629529　　81629530　　81629531
　　　　　　　　　　81629532　　81629533　　81629534

储运部电话　0431—86059116

编辑部电话　0431—81629518

印　　刷	北京宝莲鸿图科技有限公司
书　　号	ISBN 978-7-5578-5340-2
定　　价	58.00 元

版权所有　翻印必究

编委会

主　编

缪成清　国网辽阳供电公司

张　森　国网辽阳供电公司

苗中杰　国网辽阳供电公司

副主编

张洪波　国网辽阳供电公司

董　墨　国网辽阳供电公司

林　鑫　国网辽阳供电公司

李昊禹　国网辽阳供电公司

编　委

徐中亮　国网辽阳供电公司

张晓明　国网辽阳供电公司

李鹏栋　国网辽阳供电公司

缪成周　国网辽阳供电公司

前　言

　　社会经济和科学技术的发展过程中，对电力工程的质量要求也日趋严格。为了满足这种需求，我国不断地对电力工程进行改造，并不断地提高电力工程技术水平以及电力工程项目的建设，由此也带来了电力工程项目建设的不断增多，从而导致电力工程市场面临竞争激烈的局面。为使得电力工程市场占据优势地位，必须要提高电力工程的技术水平以及电力工程的建设水平。

　　本书开篇绪论部分先初步分析了电力行业及其自动化现状与发展趋势，再分别对电力工程、电力系统、电气设备选择、带电作业等电力系统内容以及电力自动化、供配电系统自动化技术、电网调度自动化与电力集成仓应的智能控制等电力自动化控制技术与应用的详细阐述说明，为我国电力行业从业人员提供了一本实用的工具书。

目　录

第一章 绪论

第一节 电力工程及其建设现状

电力工程，即与电能的生产、输送、分配有关的工程，广义上还包括把电作为动力和能源在多个领域中应用的工程。自改革开放以来，电力工程体制随之不断变化，在实施多家办电、积极合理化利用外资和多途径资金，运用多种电价和推举竞争等多种有效措施的鼓励之下，电力工程得以高速发展，在发展规模、发展速度以及科技水平上不断地取得突破、不断地迈上新的阶梯。尤其是最近几年，随着我国社会经济的高速发展，特别是工程技术的显著发展，促进了电力方面的需求量不断上升。然而，我国用电需求量的上升在地区上存在着差异，各地区用电需求量增长的不平衡性现象普遍存在。

一、我国电力工程发展现状

1. 电力工程建设

（1）电源结构矛盾突出

电源结构有待优化，我国电力工程的发展以调整电源结构、推动电网建设为主要侧重点。就目前而言，我国仍以燃煤发电为主，煤电占比很高，水电开发缓慢，尽管风电光伏等清洁能源发电技术得到了快速发展，但是其装机总容量所占比例仍然较小。在电力生产主要技术指标上与国际标准仍存在某些差距。火电机组参数等级仍处于落后水平，虽然我国的发电技术已经达到了超临界水平，但超临界机组仍大量存在，而且亚临界现役机组严重落后。清洁煤电技术发展缓慢，大型超临界机组及高压直流输电设备等地方化水平较低，自主设计开发能力不够，无法为电力工程产业升级和技术进步提供保障。电网建设落后于新能源的发展速度，储能技术水平有待提高。

（2）发电装机容量、发电量不断上升

改革开放以来，电力工程体制也在不断地发生变化，电力工程迅速发展，同时使得我国的发电装机容量逐渐超越了法国、英国、加拿大、德国、俄罗斯以及日本，自从1996

年年底开始，就已经位居世界第二的位置。2011 年，更是超越了美国稳居世界第一的位置。截止到 2015 年年底，我国的发电装机容量已经达到了 15.3 亿 kW，然而风能、太阳能等新能源的占比分别只有 8.5%、2.7%。其中，还是以火力发电为主，火电的占有率高达 65.9%，我国全年的用电量达到了 5.69 万亿 kWh，发电装机容量和发电量均位居世界第一的位置。在"十二五"期间出台的一系列政策，使得我国放慢了经济的增长速度并逐步淘汰了落后的产能进行工程的转型变革，电力工程逐渐地以调整电源结构和升级技术为发展重心。

2. 电力需求量

（1）电力生产工程技术水平较低

目前，我国仍处于社会主义初级阶段这一基本国情没有改变，与发达国家相比，在经济发展水平上，我国仍处于落后的水平，这是我国的电力生产工程技术水平落后于其他发达国家的主要原因，并且这也制约了我国电力行业及经济的发展的速度。

（2）电力需求量不平衡

经济发展水平的高低对电力需求量的多少在某种程度上存在着很大的影响，由于我国的经济发展水平在地区上存在着差异性，这也造成我国的电力需求量在地区上存在着不平衡的现象。在东部沿海地区，由于经济发展水平较高，因此对电力的需求量较大；而在中西部地区，由于经济发展水平较低，使得对电力的需求量相对较小。

（3）电力供不应求现象始终存在

自 20 世纪 70 年代我国开始实行改革开放，我国的经济发展速度在很大程度上得到了提高，随着经济发展水平的提高，使得对电力的需求量也迅速上升，最终造成了电力生产出现了供不应求的局面。一直到 20 世纪末，才基本满足了对电力的需求，达到供求平衡。但进入 21 世纪以后，随着我国西部大开发工程的快速开展，内部需求不断增加，这也增加了对电力的需求量，用电量逐年上升，造成了电力生产供不应求现象的再次出现。

二、我国电力工程发展趋势

1. 加强可再生资源发电工程技术

我国资源总量大、种类丰富，但是在地区上呈现出了分布不均匀的现象，资源条件使得电力工程的发展建设受到了制约。尽管煤炭资源总量大，但我国是人口大国，人均储量仅为世界平均水平的一半，而且煤炭资源的大量使用以及不充分燃烧造成了对环境的严重破坏。为此，要加强对核电、水电、生物发电、风电等多种可再生资源的开发使用，提高可再生资源的利用率，充分利用可再生资源来增加电量的生产，以达到减少煤炭资源的过度使用。

2. 发展智能电网

传统电网的建设使得用电紧张的现象在一定程度上得到了缓解，但是在电力供不应求的阶段，"重发、轻供"的现象仍然存在，导致了电网的建设相对落后，使得电网的基本性能不能充分发挥，也不能提供经济高速发展对电力的需求。然而，智能电网具有"兼容、互动、高效"等特点，能够根据电网的运转情况进行连续的自我评估，及时发现，快速排查，并解决故障隐患。在电网出现故障时，智能电网可以提供多种类型的发电并且能灵活接入不同特性的电力用户，使得其可以实现电力资源在更高层次上的优化配置。其中，智能输电领域是智能电网的重点部分，结合特高压的建设与运行，使控制大电网安全运行的技术得到了提高，同时统筹配电网的智能化建设，逐渐建设独具一格的智能电网。根据《中共中央关于制定国民经济和社会发展第十三个五年规划的建议》的规定，我国将加强储能和智能电网建设，"十三五"期间，我国智能电网将迎来新的发展契机。

三、中国电力行业发展

电力行业作为我国国民经济的基础性支柱行业，与国民经济发展息息相关，在我国经济持续稳定发展的前提下，工业化进程的推进必然产生日益增长的电力需求，我国中长期电力需求形势依然乐观，电力行业将持续保持较高的景气程度。

2016 年全社会用电量 5.92 万亿千瓦时，同比增长 5.0%；全口径发电量 5.99 万亿千瓦时，同比增长 5.2%；截至 2016 年年底，全国发电装机容量 16.5 亿千瓦，同比增长 8.2%。2005 年至 2016 年间，受国民经济持续稳定增长的推动，全社会用电量保持了 8.28% 的年化复合增长率。

我国大部分发电装机容量由采用煤作为原材料的火电发电机组组成，其余为利用水能、风能、太阳能和核能作为能源来源的发电项目。

《能源发展"十三五"规划》明确要求稳步推进风电、太阳能等可再生能源发展，为实现 2030 年非化石能源发展目标奠定基础。着眼于提高非化石能源和天然气消费比重，控制煤炭消费，提高清洁化用能水平，加快推进浙江清洁能源示范省，宁夏新能源综合示范区，青海、张家口可再生能源示范区建设，支持四川、海南、西藏等具备条件的省区开展清洁能源示范省建设。坚持集中开发与分散利用并举，调整优化开发布局，全面协调推进风电开发，推动太阳能多元化利用，因地制宜发展生物质能、地热能、海洋能等新能源，提高可再生能源发展质量和在全社会总发电量中的比重。

我国风力、光伏等新能源发电行业在"十二五"期间取得了快速发展，"十二五"期间，我国风力发电累计装机容量从 2010 年的 3131 万千瓦增长到 2015 年的 12671 万千瓦，光伏发电累计装机容量从 2010 年的 86 万千瓦增长到 2015 年的 4318 万千瓦，累计装机容量和年度新增装机容量均居全球前列。

"十三五"期间，我国新能源发展规划主要聚焦在优化能源开发布局和提高电力系统消纳能力两个方面。

1.优化能源开发布局

（1）加快开发中东部和南方地区

陆上风能资源按照"就近接入、本地消纳"的原则，发挥风能资源分布广泛和应用灵活的特点，在做好环境保护、水土保持和植被恢复工作的基础上，加快中东部和南方地区陆上风能资源规模化开发。结合电网布局和农村电网改造升级，考虑资源、土地、交通运输以及施工安装等建设条件，因地制宜推动接入低压配电网的分散式风电开发建设，推动风电与其他分布式能源融合发展。

到2020年，中东部和南方地区陆上风电新增并网装机容量4200万千瓦以上，累计并网装机容量有7000万千瓦以上。为确保完成非化石能源比重目标，相关省（区、市）制定本地区风电发展规划不应低于规划确定的发展目标。在确保消纳的基础上，鼓励各省（区、市）进一步扩大风电发展规模，鼓励风电占比较低、运行情况良好的地区积极接受外来风电。

（2）有序推进"三北"地区风电就地消纳利用

弃风问题严重的省（区），"十三五"期间重点解决存量风电项目的消纳问题。风电占比较低、运行情况良好的省（区、市），有序新增风电开发和就地消纳规模。

到2020年，"三北"地区在基本解决弃风问题的基础上，通过促进就地消纳和利用现有通道外送，新增风电并网装机容量3500万千瓦左右，累计并网容量有1.35亿千瓦左右。相关省（区、市）在风电利用小时数未达到最低保障性收购小时数之前，并网规模不宜突破规划确定的发展目标。

综合考虑太阳能资源、电网接入、消纳市场和土地利用条件及成本等，以全国光伏产业发展目标为导向，安排各省（区、市）光伏发电年度建设规模，合理布局集中式光伏电站。规范光伏项目分配和市场开发秩序，全面通过竞争机制实现项目优化配置，加速推动光伏技术进步。在弃光限电严重地区，严格控制集中式光伏电站建设规模，加快解决已出现的弃光限电问题，采取本地消纳和扩大外送相结合的方式，提高已建成集中式光伏电站的利用率，降低弃光限电比例。

（3）提高电力系统消纳能力

利用跨省跨区输电通道优化资源配置，借助"三北"地区已开工建设和已规划的跨省跨区输电通道，统筹优化风、光、火等各类电源配置方案，有效扩大"三北"地区风电开发规模和消纳市场。"十三五"期间，有序推进"三北"地区风电跨省区消纳4000万千瓦（含存量项目）。利用通道送出的风电项目在开工建设之前，需落实消纳市场并明确线路的调度运行方案。

此外，《风电发展"十三五"规划》提出，通过创新发展的方式提高电网消纳水平，主要有以下四个方面：

① 开展省内风电高比例消纳示范

在蒙西等地区，开展规划建设、调度运行、政策机制等方面的创新实践，推动以风电为主的新能源消纳示范省（区）建设。制定明确的风电等新能源的利用目标，开展风电高比例消纳示范，着力提高新能源在示范省（区）内能源消费中的比重。推动实施电能替代，加强城市配电网与农村电网的建设与改造，提高风电等清洁能源的消纳能力，在示范省（区）内推动建立以清洁能源为主的现代能源体系。

② 促进区域风电协同消纳

在京津冀周边区域，结合大气污染防治工作以及可再生能源电力消费比重目标，开展区域风电协同消纳机制创新。研究适应大规模风电受入的区域电网加强方案。研究建立灵活的风电跨省跨区交易结算机制和辅助服务共享机制。统筹送受端调峰资源为外送风电调峰，推动张家口、承德、乌兰察布、赤峰、锡林郭勒盟、包头等地区的风电有序开发和统筹消纳，提高区域内风电消纳水平与比重。

③ 推动风电与水电等可再生能源互补利用

在四川、云南、贵州等地区，发挥风电与水电的季节性、时段性、互补性，开展风电与水电等可再生能源综合互补利用示范，探索风水互补消纳方式，实现风水互补协调运行。借助水电外送通道，重点推进凉山州、雅砻江、金沙江、澜沧江、乌江、北盘江等地区与流域的风（光）水联合运行基地规划建设，优化风电与水电打捆外送方式。结合电力市场化改革，完善丰枯电价、峰谷电价及分时电价机制，鼓励风电与水电共同参与外送电市场化竞价。

④ 拓展风电就地利用方式

在北方地区大力推广风电清洁供暖，统筹电蓄热供暖设施及热力管网的规划建设，优先解决存量风电消纳需求。因地制宜推广风电与地热及低温热源结合的绿色综合供暖系统。开展风电制氢、风电淡化海水等新型就地消纳示范。结合输配电价改革和售电侧改革，积极探索适合分布式风电的市场资源组织形式、盈利模式与经营管理模式。推动风电的分布式发展和应用，探索微电网形式的风电资源利用方式，推进风光储互补的新能源微电网建设。

结合电力外送通道建设太阳能发电基地，按照"多能互补、协调发展、扩大消纳、提高效益"的布局思路，在"三北"地区利用现有和规划建设的特高压电力外送通道，按照优先存量、优化增量的原则，有序建设太阳能发电基地，提高电力外送通道中可再生能源比重，有效扩大"三北"地区太阳能发电消纳范围。在青海、内蒙古等太阳能资源好、土地资源丰富地区，研究论证并分阶段建设太阳能发电与其他可再生能源互补的发电基地。在金沙江、雅砻江、澜沧江等西南水能资源富集的地区，依托水电基地和电力外送通道研究并分阶段建设大型风光水互补发电基地。

此外，《太阳能发电发展"十三五"规划》提出，要进一步完善太阳能发电市场机制和配套电网建设。

根据电力体制改革的系列文件要求，建立适应太阳能发电的电力市场机制，确保太阳能发电优先上网和全额保障性收购。促进分布式光伏发电与电力用户开展直接交易，电网企业作为公共平台收取过网费。将分布式光伏发展纳入城网农网改造规划，结合分布式光伏特点进行智能电网建设升级。做好集中式大型电站和配套电网的同步规划，落实消纳市场和送出方案。电网企业及电力调度机构应按可再生能源全额保障性收购管理规定，保障光伏电站最低保障小时数以内的上网电量按国家核定或竞争确定的上网电价收购；超过最低保障小时数的电量，通过参与电力市场竞争实现全额利用。

第二节　我国电气自动化的现状及发展前景

一、电气自动化简述

1. 电气自动化的概念

电气自动化就是电气工程及其自动化涉及电力电子技术、计算机技术、电机电器技术、信息与网络控制技术、机电一体化技术等诸多领域，可以说电气自动化是一门综合性较强的学科，其主要特点是强弱电结合、机电结合、软硬件结合。可以说电气工程及其自动化专业是电气信息领域的一门新兴学科，它和人们的日常生活以及工业生产密切相关，发展非常迅速，相对也比较成熟。其已经成为高新技术产业的重要组成部分，广泛应用于工业、农业、国防等领域，在国民经济中发挥着越来越重要的作用。

2. 电气自动化的特点

电气自动化的发展随着科技的发展而得到了全面的发展，细看我国的电气自动化我们可以发现其具有以下特点：

（1）便捷性

电气自动化随着科技的发展得到了提升，可以说电气自动化是集电子科技、计算机技术、网络技术于一体的现代科技产品，这些具有电气自动化的产品对于人们的生活有巨大的提升作用，给人们的生活提供了便捷性，帮助企业节省了很大的人力物力。

（2）广泛性

工业化的发展是人们生活水平提高的基础，可以说人们的生活与发展离不开我国工业的发展，而工业的发展离不开自动化的进步，尤其是在当今科技如此发达的时代我们的生活处处都与电气自动化的发展相关，如我们现在每天乘坐的地铁、公交车以及电梯等等。电气自动化的发展已经在当今社会中被广泛地应用。

（3）高效性

电气自动化是科技发展的结果，我国的工业应用电气自动化技术对于我国的科学技术具有很大的促进作用，对于提高我国的生产力具有很大的作用。这样能加大我国产品的科技含量，提升产品的价值，因此电气自动化具有高效性。

（4）具有科技的发展性

电气自动化属于我国高科技工业的一种，它的科学技术水平是与我国的生产力相联系的，电气自动化的发展是具有延续性的，它是随着科技的发展而发展的。尤其是在现在科技日益发展的时代，我们的生活中几乎每天都在出现新的科技，这就决定了我们的电气自动化具有时代的发展性。

二、电气自动化的设计理念

电气自动化就是我们通过一系列的事前编制程序对企业的产品生产进行统一的控制，因此要想提高我们的电气自动化的水平，首要的就是完善我们的电气自动化控制系统。细看我国的电气自动化，其设计思想主要体现在以下几方面：

1. 电气自动化的集中监控思想

电气自动化的集中监控思想就是将系统中的各个环节都集中到一个统一的控制机器上，这样就会有利于企业集中所有的人员进行企业的监控，如此一来也可以帮助企业减少运营费用，增强企业的监控力度。这种设计思想是现在大多数的企业都采取的一种设计思想，但是这样的集中监控不利于企业的集中处理。因为随着监控的集中处理，会导致企业的监控主机因为内容而造成主机的反应过慢，同时也会造成电缆数量的增多，加大企业对监控设施的投入资金，这样会在一定程度上加大外界对企业集中监控的干扰。

2. 电气自动化的远程监控思想

远程监控思想是现在企业自动化的另一种形式，尤其是在烟草公司其远程监控思想对于完善企业对于子公司具有很好的监视作用，远程监控还可以帮助企业节省大量的电缆、节省企业的计算机安装费用，同时其也可以减少企业销售人员的往返次数。

3. 现场总线监控思想

随着我国科技的发展，以太网、现场总线为思想的计算机网络技术已经普遍地应用于烟草公司的生产，并且企业的智能化生产也有了良好的基础，现场总线的监控思想具有更大的针对性，这种监控思想具有功能性的独立，这些自动化的装置只是通过网络得以连接，提高企业生产系统的工作效率。

三、我国电气自动化技术的现状与发展趋势

1. 我国电气自动化技术的现状

电气自动化技术既包括传统的机电设备，又涉及新兴的电子技术、信息技术以及网络技术，因此在应用方面表现为强弱结合、机电结合以及软硬件结合三大特点。就其应用现状而言，主要表现为以下几方面：

（1）平台的开放式发展

PC 发展不仅改变了人们的生活，还改变了工业生产方式。企业利用 PC 人机界面可实现对系统的实时监测和查看，其高度的灵活性、直观性和集成性，已经在多个领域得到应用。电气自动化的实现主要通过微处理器实现，将微处理器放置在传统的测量控制仪表中，使其具备数字通信和计算机功能，再将仪表与远程监控设备连接，就可实现信息和数据的交互传输功能。在以上过程中，需要各类设备的接口具有统一标准，否则难以实现信息和数据的有效传输，这就提高了对平台的要求。开放式平台的发展提供了标准化平台，实现了不同型号设备之间的信息传输。

（2）现场总线技术的使用

自动化系统结构在信息技术的推动下，发生了重大变革，传统的结构已经逐渐演变为以网络集成自动化系统为基础的系统结构，现场总线技术由此得到发展。现场总线技术是一种数字式、双向传输的分支结构的通信总线，该总线将智能设备和自动化设备串联在一起，底层设备通过电缆串联，以实现控制设备对执行设备的控制；不同设备再与中央控制器连接，实现各生产设备与中央控制设备之间的数据流传输。现场总线技术具有协议简单、容错能力强、环境适应性好、安全性高以及成本低等优点，以发展成为工程设备之间的基础通信网络。

（3）IT 技术在电气自动化中的应用

近年来，IT 技术发展迅速，远远超过了电气自动化系统的发展，将 IT 技术融入自动化系统中，可推动电气自动化技术的进一步发展。首先，IT 技术有利于管理水平的提升，管理人员可通过数据处理系统，提高对生产、财务、人员的管理效率，可在第一时间获取生产数据，为科学制定下一阶段的生产任务提供参考；其次，IT 技术对自动化生产设备和系统也具有一定影响。IT 技术的应用，能使原有的传感器、执行器、控制器等设备由单一功能转变为多功能、集成化的设备，提高了各生产系统之间的通信，有利于整个生产系统生产水平和管理水平的提升。

（4）电气自动化的应用简化了设备后期维护

电气自动化技术的应用，提高了设备的运行效率，丰富了设备的功能，简化了操作人

员的工作强度。自动化技术的应用还使在线监测成为现实，操作人员或维护人员可根据监测数据，对设备运行状况进行判断，适时制定必要的维护措施，确保设备运行性能的安全性和稳定性。

2. 我国电气自动化技术的发展趋势

我国电气自动化技术起步较晚，虽然已经取得了较为显著的成果，但与国外发达国家相比，仍存在一定的差距，需要进一步加大研发力度，推动我国电气自动化技术的进一步发展。

（1）加大电气自动化技术创新力度

首先，加大自动化系统与管理系统接口标准化研究力度。电气自动化控制系统多采用Windows XP 系统，而管理系统中则应用 IP 系统较多，限制了信息资源的传输。电气自动化设备供应商为维护本产品的利益，产品的兼容性较低，无法与其他型号或品牌的电气设备顺利连接，只能选用统一型号的配套设备，限制了电气自动化设备的普及范围。为解决以上问题，我国应加大 PC 系统程序标准化接口的研发力度，推行使用统一的通信标准，以实现数据信息在不同厂家、型号、品牌设备之间的传输。

其次，拓展自动化系统的应用范围。工业自动化的实现需要依靠工业与信息技术的融合，以构建完善的内部网络管理系统，如电气设备、监督设备、管理设备之间需要实现信息资源的共享和互相传输，这就需要将电气自动化技术与生产设备、监督设备以及管理设备进行连接，对各类设备数据进行统一管理和分析，以提高各个系统之间的协调性，建立基于企业生产运行的综合性管理系统。

（2）提高电气自动化技术专业人员的专业水平

企业在对生产设备进行改造或安装时，没有对相关人员进行有效的培训，影响了设备的运行性能。这主要是由于企业领导对电气自动化技术的应用过于乐观，没有对其引起足够的重视所导致的。为此，企业应高度重视电气自动化设备的操作和维修工作，组织操作人员、维护人员、管理人员参加专业的技术培训，提升人员的专业水平，有效降低设备故障率，确保生产的安全运行。

四、电气自动化的发展趋势

当今，世界高科技竞争和突破正在创造着新的生产方式和经济秩序，高新技术渗透到传统产业，引起传统产业的深刻变革。机电一体化正是这场新技术革命中产生的新兴领域，机电一体化产品除了要求有精度、动力、快速性功能外，更需要自动化、柔性化、信息化、智能化，逐步实现自适应、自控制、自组织、自管理，向智能化过渡。从典型的机电产品来看，如数控机床、加工中心、机器人和机械手等，无一不是机械类、电子类、电脑类、电力电子类等技术的集成融合，这必然需要机电设备操作、维修、检测及管理的大量专业技术人员。

1. 电气自动化由低频向高频发展

电气自动化的发展以往只是依靠单频、低频的生产阶段，但是随着科技的发展以及人类的进步、工业化程度的加深，我国的工业生产都出现了高频的生产阶段。电气自动化频率的提高对于加速产品的市场占有率、提高产品的质量有着重要的作用。因此，以后的电气自动化的发展趋势也会由现在的高频向着更高层次的含有高科技的产品发展。

2. 电气自动化技术逐渐地与计算机技术相结合

电气自动化的目的就是提高人们的生产力，促进人们的生活方式，尤其是我们生活在当今的社会，在我们最大的需求社会价值时得节省我们的劳动力，把生产尽量做到机械化。对此，随着计算机技术的发展，我国的许多行业都与计算机技术结合起来，计算机技术在电气自动化的发展中起着不可忽视的作用。尤其是 IEC61131 的颁布，对电气自动化的发展更是一次重大的变革。

可以说以 PC 客户机、互联网、以太网技术的发展对于加大市场对电气自动化的发展起着促进作用，互联网以及互联网技术的发展在现在的自动化领域中发挥着重要的作用。例如，现在的许多企业利用规范的网络对企业的经营情况以及产品的销售等进行网络的监督与宣传，同时也可以利用网络对企业的各方面进行动态的适时监控，从而在企业的第一时间及时地对本企业的情况进行了解并且及时地做出正确的举措。

3. 电气自动化逐渐地与生命器官领域相结合

电气自动化在我们的概念中认为它是属于工业中的，它是应用于社会的生产过程中的，但是随着现代技术的发展，电气自动化也在人类的生命器官的替代上有了重要地位，它对人类的心脏器官都有着重要的辅助作用。电气自动化的发展对于提升企业的生产能力，促进企业的生产技术具有重要的作用，尤其是在当今激烈的社会，我们国家机械化的实现离不开电气自动化的支持，只有不断地促进电气自动化的发展程度，才会实现企业的产品价值。

第三节 电气自动化中的人工智能控制技术

一、人工智能概述

人工智能是计算机科学的重要分支之一。它企图了解智能实质，并生产出一种新的能以人类智能相似的方式做出反应的智能机器，机器人、自然语言识别处理、专家系统、图像识别等技术均属于人工智能范畴。在电气自动化领域当中，人工智能与传统人工控制相比，其最大的特点在于能够以计算机技术为辅助，完全实现机械设备自动化、精确化控制，能够大幅度节约人力资源。在工业化生产过程中，通过人工智能技术能够对各项信息数据进行实时传输、动态分析、处理，并能够将生产过程中存在的问题及时向控制管理人员反馈，最大限度地保证自动化生产的稳定性与安全性，有利于提升工业生产效率及质量，在节约生产成本的同时，获得更大的经济效益。

1. 人工智能技术的基本认识

人工智能技术作为一种新型的科学技术，具有一系列鲜明的特征，包括拟人化和信息化以及高度智能化等。就目前的实际情况来看，人工智能已经被各个行业运用和研究，可以说是时下普遍又热门的一个话题。关于人工智能替代人类工作，方便人类生活的新闻报道比比皆是。在自动化领域，在进行自动化系统控制设计的时候，也在尝试积极地应用人工智能技术。进而有效地提高系统工作效率和自动化水平，同时还能有效地降低运行成本，提升社会效益和经济效益。

作为现阶段一种最接近于人力思维的技术，人工智能技术在使用中具有多样化的突出特点，具体如下：其一，此种技术对于大规模数据的采集以及处理功能。有了此种功能性，人们可以在使用人工智能化技术过程中不再动用自己的脑力去思考复杂的事情，从而将人工智能化技术应用于生活和工作之中，如通过借助计算机编程软件，完成对信息数据的多样化采集识别，之后将识别过后的信息数据得以分类处理。其二，可以完成系统性的监视以及警报功能性。在电气自动化设备的控制系统之中，人工智能技术可以实时地将工作系统中的相应运行数值达到监视，并且能够对电气自动化设备的具体运行完成监视，一旦设备在运行过程中发生功能性受损或者过度用载的现象，该系统就可以自动发出警报，记录发生的相关事情。其三，对于电气自动化设备的控制操作性。对于电气自动化设备的操控，主要是通过借助计算机终端设备完成的。在此过程中，人们只需要通过计算机设备的鼠标以及键盘实施，就可以不设地点地达到对电气设备的远程操控，如对断路器的控制以及开关的隔离等。

2. 智能技术的特点

科学技术的提升使智能技术的可靠性也得到了很大程度的提升，智能技术在现代化的技术体系下被赋予了新的特点。首先，智能技术的性价比较高。当前，多种多样的智能技术被应用到了生活中的各个领域，而智能技术在电气自动化的发展过程中，利用先进的设施、科学的方法，以及有效的举措来确保电气自动化的发展。智能技术在现今已经具备了独特的通信能力以及搜集信息的能力，具备了过硬的实力，经过近些年来的不断研究，智能技术运用成本也在逐渐降低。因此，电气自动化工程运用智能技术是一项很好的选择。其次，智能技术有着很强的可操作性。智能技术是在计算机技术基础之上发展的，在实际操作中，智能技术可以根据某个指令自主分析，搜集到相关的信息，找到存在的问题，同时保证该项技术使用的安全性。而且现代化数字平台的开放，也使得智能技术设备的使用率进一步提升，降低了设备的准备时间。

3. 人工智能在电气自动化控制中的应用优势

与传统控制方法相比，人工智能应用于电气自动化控制过程中具有以下优势：

（1）稳定性较好

以往在电气自动化控制过程中，容易受到其他不确定性因素干扰而出现故障，从而对生产线稳定性产生一定程度的影响。人工智能技术所形成的智能函数不需要对对象进行模型控制。即便该控制对象当中存在不稳定或不确定因素，甚至是难以适应动态变化的控制对象，均可满足控制需求。也就是说，借助人工智能技术，能够简化获取精确动态模型的步骤，让电气自动化控制具备更强的适应能力，针对不同环境可对生产设备进行动态性调整，保证生产的稳定性与安全性。

（2）可有效提升电气自动化控制精度

借助人工智能技术的动态调节功能，能够保证设备在预设参数下保持稳定运行状态。在实际操作过程中，无须对参数进行变动，保证了实际工作参数与预设参数的一致性，可提升电气自动化控制精度，实现高效控制管理。

（3）性能突出

与传统控制方法相比，人工智能所形成的函数设计中并不需要专家参与，对相关数据分析即可应用，过程较为便捷，且具有良好的适应性，运算成本低，运行效率高，具有良好的抗干扰能力。

二、人工智能在电气自动化控制各领域的应用

1. 电力系统

电气自动化控制在电力系统当中具有广泛的应用空间。将人工智能技术融入其中，更有利于电力系统发挥作用，提升其运作效率。

（1）专家系统

应用知识获取的多层流式模型，可以自动获得变电站拓扑结构及保护配置等方面的知识，用于产生变电站停电后的恢复方案的确定；采取面向对象技术开发用于保护系统设计的专家系统，能够进一步提升电力网络设计与保护系统设计的协调性；人工智能技术可辅助电力系统智能监控系统开发，能够对电力系统的整体运行情况进行动态监控；用于以启发式优化方法确定配电系统中对地电容器和电压调节器的地点，可降低线路损耗及投资成本。

（2）人工神经元网络

在电力系统当中，利用多个人工神经元网络，能够实现自动化故障检测，为电力系统安全、稳定地运行提供保障；人工神经元网络可模拟事故，并自动选择处理方案，可进行静态安全性评估；通过非线性优化方法对多层前馈神经元网络进行训练，能够对受扰动的电压和电流的正弦波形进行预估；借助人工神经元网络整定数字距离保护，有利于设备自动适应网络运行条件变化，让设备保持稳定的运行状态；人工神经元网络还可用于电力系统暂态稳定评估。

（3）模糊进化优化方法

在解决发电规划、输电系统扩展规划、确定发电机励磁系统参数协调时，模糊进化优化方法均能够发挥作用。

（4）模糊集理论

采取模糊集理论可对配电系统负荷水平进行评估，对各类用户随不同因素的变化进行整合性分析；采取多目标模糊决策方法，可进行故障测距及故障识别。

2. 故障诊断

通常情况下，故障诊断主要涵盖三个步骤，即检测设备状态特征信号，在所检测的信号当中提取征兆，根据征兆及其他诊断信息对设备状态进行识别。从故障诊断的发展趋势来看，将专家系统方法与故障诊断技术进行结合是未来设备故障诊断的重要发展趋势。通常情况下，为了对设备故障进行诊断及维修，需要对设备工作情况进行测试及监控。为了准确获得设备运动状态信息及位置情况，在设备当中会置入一些功能执行部件，并安装传感器，反映出温度、压力、功耗等信息。部分设备控制器数据当中还涵盖了各种指示运动状态信号、控制器 I/O 信号等。设备一旦出现故障，可通过对控制器内各类信号及信号间的逻辑关系进行分析，便可获得具体故障部件及位置信息。设备故障诊断专家系统是借助各类诊断知识对数据库监测到的信息进行分析、整合、处理，并对设备运行状态进行判断及推理的软件系统。当设备运行出现异常时，设备故障诊断专家系统能够对相关信息进行智能化判断、分析，获得故障具体原因，并反馈故障诊断、推理过程解释及故障处理结果。

3. 数控优化

电气自动化控制过程中，需要对设备信息数据进行有效采集并处理。借助人工智能技术，几乎能够对所有信息进行实时采集，并进行处理、存储。若设备操作人员想要充分了解某设备的具体工作流程，借助人工智能技术，能够将设备运行状态清晰地反映出来。通过专家系统对相关数据进行处理，还能够生成图像文件，能够让设备使用者更为形象地了解设备的运行情况。另外，通过人工智能技术可对设备故障进行模拟，从而获得针对性的故障解决方案，能够有效预防设备故障的发生。

三、人工智能在电气自动化控制中的应用展望

人工智能在电气自动化控制中的应用可归纳为传统方式的智能化改进、关键技术的延展与创新、多元因素的智能化融合。电气自动化控制已经发展多年，并具备了较为成熟的技术体系，但在部分领域依然具有较大的发展潜力及空间。借助人工智能技术，能够进一步提升电气自动化控制效率，拓展电气自动化控制应用范围。除了专家系统、人工神经元网络等技术外，未来大数据和云技术也将逐渐融入电气自动化控制当中。在面对大时间跨度、大用户范围、多类型行为等因素时会涉及庞大的数据规模，数据信息之间关联关系不易分析。大数据可将潜在性的数据信息充分发掘出来，借助云计算技术则可以解决信息数据规模过大的难题，从而进行更为准确的信息数据分析。

第二章　电力工程

第一节　电力工程概述

一、简介

20世纪以后，电能的生产主要靠火电厂、水电站和核电站，有条件的地方还利用潮汐、地热和风能来发电。电能的输送和分配主要通过高、低压交流电力网络来实现。作为输电工程技术发展的方向，其重点是研究特高压（100万伏以上）交流输电与直流输电技术，形成更大的电力网络；同时还要研究超导体电能输送的技术问题。20世纪出现的大型电力系统将发电、输电、变电、配电、用电诸环节综合为一个有机整体，成为社会物质生产部门中空间跨度最广、时间协调严格、层次分工极复杂的实体工程系统。

作为能源的一种形式，电能有易于转换、运输方便、易于控制、便于使用、洁净和经济等许多优点。从19世纪80年代以来，电力已逐步取代了作为18世纪产业革命技术基础的蒸汽机，成为现代社会人类物质文明与精神文明的技术基础。电能的输送和分配主要通过高、低压交流电力网来实现。近30年来，高压直流输电技术进步很快，并在一些输电领域内得到了越来越广泛的应用。因此，作为输电工程技术发展的方向，其重点是研究特高压（100万伏以上）交流输电与直流输电技术，形成更大的电力网；同时还要研究超导体电能输送的技术问题。

二、电力工程设计

1.电力勘察设计院管理体制

（1）设计院的管理体制

设计院的管理体制，从行政管理分工上来讲，计划处负责生产任务的安排、平衡，技术处负责质量的改进和提高，生产处负责工程设计，技经处负责投资控制（包括限额设计、各部门的质量管理），总体则由全面质量管理办公室指导、督促。

（2）具体工程的管理体制

设计总工程师对工程负全面责任，其主要职责是负责对外联系，会同有关部门对主要方案的报订、各专业间的协调统筹、保证工期顺利完成。各专业的主任工程师（包括技术处的专业工程师），应对本专业的质量负责。工程的事前指导、中间验收、图纸和说明的审查，协助主设人拟订设计方案，制订本专业质量管理措施。各专业设立一名主要设计人，除负责对外协调联系外，对专业内部在科长、主任工程师配合下进行设计分工，保证制订的设计方案认真贯彻，保证按时完成任务。总工程师主要保证工程成品出院的质量，对重大方案需事前检查是否符合党的方针政策，是否合理、经济、可靠。对某一项具体工程的设计，大体上要经过初步可行性研究、可行性研究、初步设计和施工图设计四个阶段。

2. 初步可行性研究

（1）初步可行性研究（规划选厂）的原则

根据地区负荷增长情况或向外输送电力愿望，先由当地政府规划部门提出规划，建议在本地区内装设机组的容量、连接系统的方式及时间，然后交设计院进行规划选厂。初步可行性研究时，一般由设总为主，并配备总交、系统、供水、运煤等几个专业。土建、电气人员也可以参加，但工作量并不大，勘察处必须有水文、地质、测量人员参加，并提出有否建厂的可能性，选厂应选择几个厂址，即做多方案比较，经筛选排队，提出 2 ~ 3 个理想厂址作为推荐方案，供上级审查，以及作为下阶段工程选厂时的推荐厂址。

（2）初步可行性研究的顺序

① 准备阶段。设总接受任务后，组织各专业人员先从内部准备资料开始，如初步确定装机容量，搜集同类型工程厂址，估算煤、灰、水等需用量，准备选厂投资提纲等。准备工作完成后，与电力公司及建设单位联系，确定选厂日期。

② 规划选厂。设计院会同电力公司、建设单位等组成一支选厂队伍。与有关单位洽谈及签订协议。例如，与铁道部门签订铁路接轨点、燃煤用量及保证率、用水量的保证程度；向当地测绘局索取 1/50000 地形图，并了解当地地质、地震等情况、用地数量及其可能性等。

③ 方案比较。经过几个厂址的初步考察，在室内做方案比较。先初步提出两个以上建厂厂地的可能性，然后向省或地区进行汇报，提出草签协议的可靠性和方案的经济合理性，并征得省或地区的同意。选厂结束后，由主管部门上报"项目建议书"。经国家发改委批准后，才可进行下一步工作。初步可行性研究的成果，要有一份说明及附件（地形图），同时被推荐的厂址附上与各单位签订的协议书。

3. 可行性研究

（1）可行性研究（工程选厂）的原则

可行性研究系在已审定的初步可行性研究和国家发改委批准的项目建议书的基础上，

进一步落实各项建厂条件，并进行必要的水文气象、供水水源的水文地质、工程地质勘探工作和水工模型试验。对车站站场改造、专用线接轨、运煤码头及专用供水水库的可行性研究，也需同步进行。对在山区建设的电厂还要着重研究边坡稳定与不良地质现象、环境影响和减少土石方工程量等问题。设计院与电力公司及建设单位共同研究重大技术经济原则，落实各项建厂条件（如煤源、水源、灰场、交通运输、专用线接轨、用地、拆迁、环保、出线走廊、地质、地震及压矿等），并协助电力公司和建设单位向有关部门取得原则性协议书或书面文件。在掌握比较充分的技术经济基础资料的前提下，提出电厂接入系统、原则性工艺系统和布置方案，并经过全面的综合性的技术经济分析论证和多方案的比较，推荐出具体厂址及建厂规模，对主机和主要辅机的选型、新设备、新工艺、新技术和建厂方案提出建议；提出电厂的投资估算和经济效益评价，为计划部门编制和审批设计任务书提供可靠依据。扩建和改建电厂的可行性研究，也可参照上述原则进行，工程选厂结束后，设计院应对每个专业做深入细致的论证工作。对几个重要的专业，则提出 2 ～ 3 个方案，着重研究，反复比较后推荐出一个主要方案报批，另两个方案作为补充，即为初设依据。

（2）可行性研究中各专业搜集资料和研究内容

① 热电负荷与装机进度，热负荷及其发展预测、分析；电力负荷预测，根据热电负荷分析，提出作为设计依据的综合负荷表及典型负荷曲线；对本电厂的性质、规模、装机容量、机组形式、装机进度及分期建设进行分析，并提出意见；说明本电厂在电力系统中的作用和任务。研究电厂与系统的连接方案，论证电厂出线电压等级及出线回路数，与电厂建设配套建设的送受电项目及内容。

② 燃料供应。收集有关煤矿的储量、开采量及建设进度供应数量，燃煤煤质（水分、灰分、发热量等），价格及运输方式等。

③ 厂址水源。说明各厂址的供水水源、冷却方式、冷却水量及在采取节约用水措施条件下所需补充水量，提出不同供水水源的水文报告或水文地质初勘报告，并征得地方水资源管理部门的同意，在掌握比较可靠的基础资料的基础上，提出各种冷却方式的初步供水方案和技术经济比较。

④ 除灰系统及储灰场。说明各厂址除灰系统的初步方案、灰管长度、输送高度、综合利用对设计的要求。提出灰场占地面积，房屋拆迁面积、户数、山洪流量、洪水位、潮水位、除灰水量、工程地质与水文地质条件，建坝材料、运距及运输条件等资料。

⑤ 工程地质。单独提出工程地质勘测报告，必须查明与厂址稳定性有关的构造断裂，落实厂址的地震基本烈度，分析判断场地的抗震设计，建筑场地土壤类别和地基震动液化的可能性及其对策，并对厂址稳定性做出评价。

⑥ 工程设想。主要对新建、扩建或改建电厂的各主要工艺系统及项目的主要技术原则与方案进行研究，并作为对本项目进行投资估算和经济效益分析的基础。

⑦ 环境保护。按国家颁发的《环境保护法》《环境影响评价法》和原电力部颁发的《火

电厂大气污染物排放标准》《火电厂可行性研究阶段环境影响报告书内容深度暂行规定》编制"环境影响报告书",报省、市环保部门审批。

⑧ 经济效益分析。根据推荐的厂址和工程设想考虑的各主要工艺系统和主要技术原则与方案,进行工程项目的投资估算、发电成本的计算、经济效益指标的计算等,计算方法执行中国电力规划设计总院颁发的《电力建设项目经济评价方法实施细则(试行)》。

⑨ 总结与技术经济指标。综合上述可行性研究所研究的问题,提出主要结论性意见及定总的评价。提出存在问题和建议,描述各项技术经济指标。在可行性研究的同时,电力公司应上报《设计任务书》,由设计院配合提供数据。变电的选址报告,内容同发电。送电暂不进行选址,但线路较长则可先进行踏勘。

三、电力工程资质范围

根据电力工程施工资质的不同,承包工程范围分别如下:

1. 特级企业

可承担各种类型的火电厂(含燃煤、燃气、燃油)、风力电站、太阳能电站、核电站及辅助生产设施、各种电压等级的送电线路和变电站整体工程施工总承包。

2. 一级企业

可承担单项合同额不超过企业注册资本金 5 倍的各种类型火电厂(含燃煤、燃气、燃油)、风力电站、太阳能电站、核电站及辅助生产设施、各种电压等级的送电线路和变电站整体工程施工总承包。

3. 二级企业

可承担单项合同额不超过企业注册资本金 5 倍的单机容量 20 万千瓦及以下的机组整体工程、220 千伏及以下送电线路及相同电压等级的变电站整体工程施工总承包。

4. 三级企业

可承担单项合同额不超过企业注册资本金 5 倍的单机容量 10 万千瓦及以下的机组整体工程、110 千伏及以下送电线路及相同电压等级的变电站整体工程施工总承包。

四、电力工程的重要性

电力不足严重阻碍着国民经济的发展。世界各国的经验表明,电力生产的发展速度应高于其他部门的发展速度,这样才能促进国民经济的协调发展,所以电力工业又被称为"国民经济的先行官"。

如果把我国的经济发展比作是"身体",那么,电力工程建设无疑就是支撑身体灵活运动的"筋骨"。电力工程建设的不断推进就像是为筋骨提供了无限的能量,充沛的能量供应是身体各项机能有效运作的有力保障。

2012 年，受世界经济复苏缓慢和国内宏观调控的影响，我国经济增长延续减速态势。全年国内生产总值 519322 亿元，按可比价格计算，比上年增长 7.8%。自 2000 年以来，中国电力消费、生产的速度一直高于 GDP 增速，这使得电力（生产、消费）弹性系数长期大于 1，因此单位 GDP 能耗一直难以降下来，这说明我国的电力消费势头强劲。

"十二五"期间，全国电力工业投资将达到 5.3 万亿元，比"十一五"增长 68%。电源工程建设方面，"十二五"规划电源投资约为 2.75 万亿元，占全部电力投资的 52%。2015 年，全国发电装机容量已达到 14.37 亿千瓦，年均增长 8.5%。其中，水电为 2.84 亿千瓦，抽水蓄能 4100 万千瓦，煤电 9.33 亿千瓦，核电 4300 万千瓦，天然气发电 3000 万千瓦，风电 1 亿千瓦，太阳能发电 200 万千瓦，生物质能发电及其他 300 万千瓦。

电网建设方面，"十二五"规划电网投资约 2.55 万亿元，占电力总投资的 48%。2015 年，全国已形成以华北、华东、华中特高压电网为核心的"三纵三横"主网架。锡林郭勒盟、蒙西、张北、陕北能源基地通过三个纵向特高压交流通道向华北、华东、华中地区送电，北部煤电、西南水电通过三个横向特高压交流通道向华北、华中和长三角特高压环网送电。

电力工程的快速发展和合理的建设结构为我国的经济发展提供了有力保障，强健的"筋骨"促进了我国国民经济的又好又快发展。

第二节 火力发电

火力发电，利用可燃物在燃烧时产生的热能，通过发电动力装置转换成电能的一种发电方式。中国的煤炭资源丰富，1990 年产煤 10.9 亿吨，其中发电用煤仅占 12%。火力发电仍有巨大潜力。

一、简介

由于地球上化石燃料短缺，人类正在尽力开发核能发电、核聚变发电以及高效率的太阳能发电等，以求最终解决人类社会面临的能源问题。最早的火力发电是 1875 年在巴黎北火车站的火电厂实现的。随着发电机、汽轮机制造技术的完善、输变电技术的改进，特别是电力系统的出现以及社会电气化对电能的需求，20 世纪 30 年代以后，火力发电进入大发展的时期。火力发电机组的容量由 200 兆瓦级提高到 300～600 兆瓦级（50 年代中期），到 1973 年，最大的火电机组达 1300 兆瓦。大机组、大电厂使火力发电的热效率大为提高，每千瓦的建设投资和发电成本也在不断降低。到 80 年代后期，世界上最大的火电厂是日本的鹿儿岛火电厂，容量为 4400 兆瓦。但机组过大又带来了可靠性、可用率的降低，因而到 90 年代初，火力发电单机容量稳定在 300～700 兆瓦。其所占中国总装机容量约在 70%。火力发电所使用的煤，占工业用煤的 50% 以上。目前我国发电供热用煤占全国煤炭生产总量的 50% 左右。全国大约 90% 的二氧化硫排放由煤电产生，80% 的二氧化碳排放量由煤电排放。

二、能量转换与弊端、类型

1. 能量转换

火力发电中存在三种形式的能量转换过程：燃料化学能→蒸汽热能→机械能→电能。简单地说，就是利用燃料发热，加热水，形成高温高压过热蒸汽，然后蒸汽沿管道进入汽轮机中不断膨胀做功，冲击汽轮机转子高速旋转，带动发电机转子（电磁场）旋转，定子线圈切割磁力线，发出电能，再利用升压变压器，升到系统电压，与系统并网，向外输送电能。最后冷却后的蒸汽又被给水泵进一步升压送回锅炉中重复参加上述循环过程。

2. 类型

按其作用分，有单纯供电的和既发电又供热的（热电联产的热电厂）两类。按原动机分，主要有汽轮机发电、燃气轮机发电、柴油机发电（其他内燃机发电容量很小）。按所用燃料分，主要有燃煤发电、燃油发电、燃气（天然气）发电、垃圾发电、沼气发电以及利用工业锅炉余热发电等。为了提高经济效益，降低发电成本，保护大城市和工业区的环境，火力发电应尽量在靠近燃料基地的地方进行，利用高压输电或超高压输电线路把强大电能输往负荷中心。热电联产方式则应在大城市和工业区实施。

3. 弊端

（1）烟气污染

煤炭直接燃烧排放的二氧化硫等气体不断增长，使中国很多地区酸雨量增加，全国每年产生约 140 万吨。

（2）粉尘污染

对电站附近环境造成粉煤灰污染，对人们的生活及植物的生长造成不良影响。全国每年产生约 1500 万吨烟尘。

（3）资源消耗

发电的汽轮机通常选用水作为冷却介质。一座 1000MW 火力发电厂每日的耗水量约为 10 万吨，全国每年消耗约 5000 万吨标准煤。

火力发电污染严重，电力工业已经成为中国最大的污染排放产业之一。

（4）改进

利用压力转换技术提高发电效率；对烟尘采用脱硫除尘处理或改烧天然气；汽轮机改用空气冷却，储电设备对稳定电压的消耗减小到极致。此外，产生的沸水能量利用率应在现有基础上大大提高，不仅仅局限于循环利用水资源和供暖，应考虑与热能源转化站进行合作。

三、行业发展趋势

1. 行业发展

火力发电是我国主要的发电方式，电站锅炉作为火力电站的三大主机设备之一，伴随着我国火电行业的发展而发展。

当环保节能成为中国电力工业结构调整的重要方向时，火电行业在"上大压小"的政策导向下积极推进产业结构优化升级，关闭大批能效低、污染重的小火电机组，在很大程度上加快了国内火电设备的更新换代。

至2010年年底，单机容量30万千瓦及以上火电机组占全部火电机组容量的60%以上。火电行业的"上大压小"也推动了电站锅炉向高参数、大容量方向发展。此外，循环流化床、IGCC等清洁煤技术逐渐成熟，应用也日益广泛，从而推动了CFB锅炉与IGCC气化炉的发展。

2014年1月—2015年3月，我国火电项目数量出现猛增。近期，中电联发布《2015年前三季度全国电力供需形势分析预测报告》指出，2015年9月底火电发电量持续负增长、设备利用小时同比降幅扩大。一方面是火电发电量持续负增长、设备利用小时同比大幅下降，另一方面是各地新批火电项目众多，2015年火电的爆发式增长值得仔细回味。

截至2016年年底，全国6000千瓦及以上电厂总装机容量为164575万千瓦，较年初增长8.20%。其中，火电装机容量为105388万千瓦，较年初增长5.30%。火电装机容量占电力总装机容量较年初继续下降1.73个百分点至64.04%。截至2017年年底，火电装机容量为110604万千瓦，较年初增长4.95%。2018年我国火力发电装机容量达到114754万千瓦，未来五年(2018—2022)年均复合增长率约为3.35%，预计到2022年我国火力发电装机容量将达到130900万千瓦。

2. 容量预测

（1）2018年上半年火电经营环境改善

在冬季寒潮低温、夏季局部高温以及经济持续回暖、生产用电提升的推动下，2018年上半年用电需求持续提升，火电发电量及利用小时均得到显著改善。2018年上半年，火电发电量同比增长8.00%，火电利用小时同比提升116小时。此外，2017年7月1日起煤电电价调整影响犹在，携手火电电量提升共同推动2018年上半年火电板块营收同比提升16.91%。尽管煤价仍处于高位运行状态，但电量与电价的增长对冲部分高燃料成本压力，2018年上半年火电板块归母净利润同比提升55.03%。

（2）火电装机容量将持续增长，国内电源结构仍将长期以火电为主

我国电源结构以火力发电为主，其中燃煤发电在火力发电中占据主导地位。2016年，我国火电发电量在总发电量中的占比达71.60%；燃煤发电量在火电发电量中的占比达91.07%，燃气发电、燃油发电量占比小。

在火电装机建设方面，近年来火电装机容量持续增长，随着之前年度火电投资项目的陆续投产，短期内火电装机容量将继续保持增长，但受国家煤电停、缓建政策影响，火力发电装机容量增速将得到明显遏制。此外，近年来受环保、电源结构改革等政策影响，国内非化石能源装机快速增长，火电装机容量占电力装机容量的比重呈逐年小幅下降态势，且该趋势未来将长期保持。但同时受能源结构、历史电力装机布局等因素影响，国内电源结构仍将长期以火电为主。

（3）清洁高效的火力发电技术不断发展

根据当前我国的能源分布、能源消耗、环境污染的情况，既然火力发电的供应将长期作为生产生活的主要供应源，那么在这一长期趋势和大背景下，积极地探索清洁高效的火力发电技术就显得尤为重要了。

常见的新型火力发电技术，包含煤炭加工、煤炭转化、烟气净化以及燃料电池四种，尤其是燃料电池和烟气净化，需要我国学者和电厂工程师继续不断钻研。

四、发电过程

1. 原理

火力发电一般是指利用可燃物燃烧时产生的热能来加热水，使水变成高温、高压水蒸气，然后再由水蒸气推动发电机来发电的方式的总称。以可燃物作为燃料的发电厂统称为火电厂。

火力发电厂的主要设备系统包括：燃料供给系统、给水系统、蒸汽系统、冷却系统、电气系统及其他一些辅助处理设备。

多数火电厂采用煤炭作为一次能源，利用皮带传送技术，向锅炉输送经处理过的煤粉，煤粉燃烧加热锅炉使锅炉中的水变为水蒸气，经一次加热之后，水蒸气进入高压缸。为了提高热效率，应对水蒸气进行二次加热，水蒸气进入中压缸。通过利用中压缸的蒸汽去推动汽轮发电机发电。从中压缸引出进入对称的低压缸。已经做过功的蒸汽一部分从中间段抽出供给炼油、化肥等兄弟企业，其余部分流经凝汽器水冷，成为40℃左右的饱和水作为再利用水。40℃左右的饱和水经过凝结水泵，经过低压加热器到除氧器中，此时为160℃左右的饱和水，经过除氧器除氧，利用给水泵送入高压加热器中，其中高压加热器利用再加热蒸汽作为加热燃料，最后流入锅炉进行再次利用。以上就是一次生产流程。

2. 流程

火力发电的流程依所用原动机而异。在汽轮机发电方式中，其基本流程是先将燃料送进锅炉，同时送入空气，锅炉注入经过化学处理的给水，利用燃料燃烧放出的热能使水变成高温、高压蒸汽，驱动汽轮机旋转做功而带动发电机发电。热电联产方式则是在利用原动机的排汽（或专门的抽气）向工业生产或居民生活供热。在燃气轮机发电方式中，基本流程是用压气机将压缩过的空气压入燃烧室，与喷入的燃料混合雾化后进行燃烧，形成高温燃气进入燃气轮机膨胀做功，推动轮机的叶片旋转并带动发电机发电。在柴油机发电中，基本流程是用喷油泵和喷油器将燃油高压喷入汽缸，形成雾状，然后与空气混合燃烧，推动柴油机旋转并带动发电机发电。

3. 效率

在火力发电方面，燃气轮机和蒸汽轮机发电厂目前已经实现了迄今最高的能源效率——超过60%。由于启动时间非常短，这类电厂最适宜于补充风力发电带来的自然电力波动。而通过热电联产电厂可以达到更高的能源效率——超过90%。

4. 火力发电系统

根据火力发电的生产流程，其基本组成包括燃烧系统、汽水系统（燃气轮机发电和柴油机发电无此系统，但二者在火力发电中所占比重都不大）、电气系统、控制系统。

（1）燃烧系统

燃烧系统主要由锅炉的燃烧室（炉膛）、送风装置、送煤（或油、天然气）装置、灰渣排放装置等组成。其主要功能是完成燃料的燃烧过程，将燃料所含能量以热能形式释放出来，用于加热锅炉里的水。其主要流程有烟气流程、通风流程、排灰出渣流程等。其对燃烧系统的基本要求是：尽量做到完全燃烧，使锅炉效率≥90%；排灰符合标准规定。

（2）汽水系统

汽水系统主要由给水泵、循环泵、给水加热器、凝汽器、除氧器、水冷壁及管道系统等组成。其功能是利用燃料的燃烧使水变成高温高压蒸汽，并使水进行循环。其主要流程有汽水流程、补给水流程、冷却水流程等。其对汽水系统的基本要求是汽水损失尽量少；尽可能利用抽气加热凝结水，提高给水温度。

（3）电气系统

电气系统主要由电厂主接线、汽轮发电机、主变压器、配电设备、开关设备、发电机引出线、厂用结线、厂用变压器和电抗器、厂用电动机、保安电源、蓄电池直流系统及通信设备、照明设备等组成。其基本功能是保证按电能质量要求向负荷或电力系统供电。其主要流程包括供电用流程、厂用电流程。其对电气系统的基本要求是供电安全、可靠；调度灵活；具有良好的调整和操作功能，保证供电质量；能迅速切除故障，避免事故扩大。

（4）控制系统

控制系统主要由锅炉及其辅机系统、汽轮机及其辅机系统、发电机及电工设备、附属系统组成。其基本功能是对火电厂各生产环节实行自动化的调节、控制，以协调各部分的工况，使整个火电厂安全、合理、经济运行，降低劳动强度，提高生产率，遇有故障时能迅速、正确处理，以避免酿成事故。其主要工作流程包括汽轮机的自起停、自动升速控制流程、锅炉的燃烧控制流程、灭火保护系统控制流程、热工测控流程、自动切除电气故障流程、排灰除渣自动化流程等。

5. 火力发电能量转换过程

电力是国民经济发展的重要能源，火力发电是中国和世界上许多国家生产电能的主要方法。火力发电就是利用燃料发热来加热水，形成高温高压过热蒸汽，然后蒸汽沿管道进入汽轮机膨胀做功，带动发电机一起高速旋转，从而发出电来。最后又被给水泵送回锅炉中重复参加上述循环过程。显然，在这种火力发电厂中存在着三种形式的能量转换过程：

（1）电站锅炉

发电用锅炉称为电站锅炉。电站锅炉与其他工厂用的工业锅炉相比有如下明显特点：①电站锅炉容量大；②电站锅炉的蒸汽参数高；③电站锅炉自动化程度高，其各项操作基本实现了机械化和自动化，适应负荷变化的能力很强，多达90%以上，工业锅炉的热效率多在60%～80%之间。

（2）电站用煤

火力发电厂燃用的煤通常称为动力煤，其分类方法主要是依据煤的干燥无灰基挥发分进行分类。

（3）煤粉制备

煤粉炉燃烧用的煤粉是由磨煤机将煤炭磨成的不规则的细小煤炭颗粒，其颗粒大小平均在0.01～0.05mm，其中20～50μm以下的颗粒占绝大多数。由于煤粉颗粒很小，表面很大，故能吸附大量的空气，且具有一般固体所未有的性质——流动性。煤粉的粒度越小，含湿量越小，其流动性也越好，但煤粉的颗粒过于细小或过于干燥，会产生煤粉自流现象，使给煤机工作特性不稳，给锅炉运行的调整操作造成困难。另外，煤粉与氧气接触而氧化，在一定条件下可能发生煤粉自燃。在制粉系统中，煤粉是由气体来输送的，气体和煤粉的混合物一遇到火花就会使火源扩大而产生较大压力，从而造成煤粉的爆炸。

锅炉燃用的煤粉细度应由以下条件确定：燃烧方面希望煤粉磨得细些，这样可以适当减少送风量，使损失降低；从制粉系统方面希望煤粉磨得粗些，从而降低磨煤电耗和金属消耗。所以在选择煤粉细度时，应使上述各项损失之和最小。总损失蝉联小的煤粉细度称为"经济细度"。由此可见，对挥发分较高且易燃的煤种，或对于磨制煤粉颗粒比较均匀的制粉设备，以及某些强化燃烧的锅炉，煤粉细度可适当大些，以节省磨煤能耗。由于各种煤的软硬程度不同，其抗磨能力也不同，因此每种煤的经济细度也不同。

（4）煤粉燃烧

由煤粉制备系统制成的煤粉经煤粉燃烧器进入炉内。燃烧器是煤粉炉的主要燃烧设备。燃烧器的作用有三：一是保证煤粉气流喷入炉膛后迅速着火；二是使一、二次风能够强烈混合以保证煤粉充分燃烧；三是让火焰充满炉膛而减少死滞区。煤粉气流经燃烧器进入炉膛后，便开始了煤的燃烧过程。燃烧过程的三个阶段与其他炉型大体相同；所不同的是，这种炉型燃烧前的准备阶段和燃烧阶段时间很短，而燃尽阶段时间相对较长。

（5）发电用煤

电厂煤粉炉对煤种的适用范围较广，它既可以设计成燃用高挥发分的褐煤，也可设计成燃用低挥发分的无烟煤。但对一台已安装使用的锅炉来讲，不可能燃用各种挥发分的煤炭，因为它受喷燃器形式和炉膛结构的限制。发电用煤质量指标有：

①挥发分。挥发分是判明煤炭着火特性的首要指标。挥发分含量越高，着火越容易。根据锅炉设计要求，供煤挥发分的值变化不宜太大，否则会影响锅炉的正常运行。比如，原设计燃用低挥发分的煤而改烧高挥发分的煤后，因火焰中心逼近喷燃器出口，可能因烧坏喷燃器而停炉；若原设计燃用高挥发分的煤种而改烧低挥发分的煤，则会因着火过迟使燃烧不完全，甚至造成熄火事故。因此供煤时要尽量按原设计的挥发分煤种或相近的煤种供应。②灰分。灰分含量会使火焰传播速度下降，着火时间推迟，燃烧不稳定，炉温下降。③水分。水分是燃烧过程中的有害物质之一，它在燃烧过程中吸收大量的热，对燃烧的影响比灰分大得多。④发热量。发热量是锅炉设计的一个重要依据。由于电厂煤粉对煤种适应性较强，因此只要煤的发热量与锅炉设计要求大体相符即可。⑤灰熔点。由于煤粉炉炉膛火焰中心温度多在1500℃以上，在这样的高温下，煤灰大多呈软化或流体状态。⑥煤的硫分。硫是煤中的有害杂质，虽对燃烧本身没有影响，但它的含量太高，对设备的腐蚀和环境的污染都相当严重。因此，电厂燃用煤的硫分不能太高，一般要求最高不能超过2.5。

6. 生产过程

火力发电厂的主要生产系统包括汽水系统、燃烧系统和电气系统，现分述如下：

（1）汽水系统

火力发电厂的汽水系统是由锅炉、汽轮机、凝汽器、高低压加热器、凝结水泵和给水泵等组成的，它包括汽水循环、化学水处理和冷却系统等。

水在锅炉中被加热成蒸汽，经过加热器进一步加热后变成过热的蒸汽，再通过主蒸汽管道进入汽轮机。由于蒸汽不断膨胀，高速流动的蒸汽推动汽轮机的叶片转动从而带动发电机。

为了进一步提高其热效率，一般都从汽轮机的某些中间级后抽出做过功的部分蒸汽，用以加热给水。在现代大型汽轮机组中都采用这种给水回热循环。此外，在超高压机组中还采用再热循环，既把做过一段功的蒸汽从汽轮机的高压缸的出口将做过功的蒸汽全部抽出，送到锅炉的再热器中加热后再引入汽轮机的中压缸继续膨胀做功，从中压缸送出的蒸汽，再送入低压缸继续做功。在蒸汽不断做功的过程中，蒸汽压力和温度不断降低，最后排入凝汽器并被冷却水冷却，凝结成水。凝结水集中在凝汽器下部由凝结水泵打至低压加热再经过除氧器除氧，给水泵将预加热除氧后的水送至高压加热器，经过加热后的热水打入锅炉，再将过热器中把水已经加热到过热的蒸汽，送至汽轮机做功，这样周而复始不断地做功。

在汽水系统中的蒸汽和凝结水，由于疏通管道很多并且要经过许多的阀门设备，这样就难免产生跑、冒、滴、漏等现象，这些现象都会或多或少地造成水的损失，因此我们必须不断地向系统中补充经过化学处理过的软化水，这些补给水一般都补入除氧器中。

（2）燃烧系统

燃烧系统是由输煤、磨煤、粗细分离、排粉、给粉、锅炉、除尘、脱硫等组成的。它是由皮带输送机从煤场，通过电磁铁、碎煤机然后送到煤仓间的煤斗内，再经过给煤机进入磨煤机进行磨粉，磨好的煤粉通过空气预热器带来的热风，将煤粉打至粗细分离器，粗细分离器将合格的煤粉（不合格的煤粉送回磨煤机），经过排粉机送至粉仓，给粉机将煤粉打入喷燃器送到锅炉进行燃烧。而烟气经过电除尘脱出粉尘再将烟气送至脱硫装置，通过石浆喷淋脱出流的气体经过吸风机送到烟筒排入天空。

（3）发电系统

发电系统由副励磁机、励磁盘、主励磁机（备用励磁机）、发电机、变压器、高压断路器、升压站、配电装置等组成。发电是由副励磁机（永磁机）发出高频电流，副励磁机发出的电流经过励磁盘整流，再送到主励磁机，主励磁机发出电后经过调压器以及灭磁开关经过碳刷送到发电机转子，当发电机转子通过旋转其定子线圈便感应出电流，强大的电流通过发电机出线分两路，一路送至厂用电变压器，另一路则送到 SF6 高压断路器，由 SF6 高压断路器送至电网。

第三节　水力发电

水力发电技术是研究将水能转换为电能的工程建设和生产运行等技术经济问题的科学技术。水力发电利用的水能主要是蕴藏于水体中的位能。为实现将水能转换为电能，需要兴建不同类型的水电站。它是由一系列建筑物和设备组成的工程措施。建筑物主要用来集中天然水流的落差，形成水头，并以水库汇集、调节天然水流的流量；基本设备是水轮发电机组。当水流通过水电站引水建筑物进入水轮机时，水轮机受水流推动而转动，使水能转化为机械能；水轮机带动发电机发电，机械能转换为电能，再经过变电和输配电设备将电力送到用户。水能为自然界的再生性能源，随着水文循环周而复始，重复再生。水能与矿物燃料同属于资源性一次能源，转换为电能后称为二次能源。水力发电建设则是将一次能源开发和二次能源生产同时完成的电力建设，在运行中不消耗燃料，运行管理费和发电成本远比燃煤电站低。水力发电在水能转化为电能的过程中不发生化学变化，不排泄有害物质，对环境影响较小，因此水力发电所获得的是一种清洁的能源。

一、水力发电概述

1. 简介

水力发电系利用河流、湖泊等位于高处具有势能的水流至低处，将其中所含势能转换成水轮机之动能，再借水轮机为原动力，推动发电机产生电能。利用水力（具有水头）推动水力机械（水轮机）转动，将水能转变为机械能，如果在水轮机上接上另一种机械（发电机）随着水轮机转动便可发出电来，这时机械能又转变为电能。水力发电在某种意义上讲是水的位能转变成机械能，再转变成电能的过程。因水力发电厂所发出的电力电压较低，要输送给距离较远的用户，就必须将电压经过变压器增高，再由空架输电线路输送到用户集中区的变电所，最后降低为适合家庭用户、工厂用电设备的电压，并由配电线输送到各个工厂及家庭。

2. 原理

水力发电的基本原理是利用水位落差，配合水轮发电机产生电力，也就是利用水的位能转为水轮的机械能，再以机械能推动发电机得到电力。科学家们以此水位落差的天然条件，有效地利用流力工程及机械物理等，精心搭配以达到最高的发电量，供人们使用廉价又无污染的电力。而低位水通过吸收阳光进行水循环分布在地球各处，从而恢复高位水源。

1882 年，美国威斯康星州首先记载了应用水力发电。到如今，水力发电的规模从第三世界乡间所用几十瓦的微小型，到大城市供电用几百万瓦的都有。

3. 流程

惯常水力发电的流程为：河川的水经由拦水设施攫取后，经过压力隧道、压力钢管等水路设施送至电厂，当机组须运转发电时，打开主阀（类似家中水龙头之功能），后开启导翼（实际控制输出力量的小水门）使水冲击水轮机，水轮机转动后带动发电机旋转，发电机加入励磁后，发电机建立电压，并于断路器投入后开始将电力送至电力系统。如果要调整发电机组的出力，可以调整导翼的开度增减水量来达成，发电后的水经由尾水路回到河道，供给下游的用水使用。

4.优势

（1）水能

水能是一种取之不尽、用之不竭、可再生的清洁能源。但为了有效地利用天然水能，需要人工修筑能集中水流落差和调节流量的水工建筑物，如大坝、引水管涵等，因此工程投资大、建设周期长。但水力发电效率高，发电成本低，机组启动快，调节容易。由于利用自然水流，受自然条件的影响较大，水力发电往往是综合利用水资源的一个重要组成部分，与航运、养殖、灌溉、防洪和旅游组成水资源综合利用体系。

（2）发电

水力发电是再生能源，对环境冲击较小。除可提供廉价电力外，还有下列之优点：控制洪水泛滥、提供灌溉用水、改善河流航运，有关工程同时改善该地区的交通、电力供应和经济，特别是可以发展旅游业及水产养殖。美国田纳西河的综合发展计划，是首个大型的水利工程，带动整体的经济发展。

5.缺点

（1）因地形上之限制无法建造太大之容量，单机容量为300MW左右。

（2）建厂期间长，建造费用高。

（3）因设于天然河川或湖沼地带易受风水之灾害，影响其他水利事业，电力输出易受天气旱雨之影响。

（4）建厂后不易增加容量。

（5）生态破坏：大坝以下水流侵蚀加剧，河流的变化及对动植物的影响等。

（6）需筑坝移民等，基础建设投资大。

（7）下游肥沃的冲积土因冲刷而减少。

二、分类与特点

1.分类

（1）按照水源的性质，可分为：

① 常规水电站，即利用天然河流、湖泊等水源发电。

② 抽水蓄能电站，利用电网负荷低谷时多余的电力，将低处下水库的水抽到高处上存蓄，待电网负荷高峰时放水发电，尾水收集于下水库。

（2）按水电站的开发水头手段，可分为：坝式水电站、引水式水电站和混合式水电站三种基本类型。

（3）按水电站利用水头的大小，可分为：高水头（70m以上）、中水头（15～70m）和低水头（低于15m）水电站。

（4）按水电站装机容量的大小，可分为大型、中型和小型水电站。一般装机容量5 000kW 以下的为小水电站，5 000kW 至 10 万 kW 为中型水电站，10 万 kW 或以上为大型水电站或巨型水电站。

2. 特点

（1）能源的再生性。由于水流按照一定的水文周期不断循环，从不间断，因此水力资源是一种再生能源。所以水力发电的能源供应只有丰水年份和枯水年份的差别，而不会出现能源枯竭问题。但当遇到特别的枯水年份，水电站的正常供电可能会因能源供应不足而遭到破坏，出力大为降低。

（2）发电成本低。水力发电只是利用水流所携带的能量，无须再消耗其他动力资源。而且上一级电站使用过的水流仍可为下一级电站利用。另外，由于水电站的设备比较简单，其检修、维护费用也较同容量的火电厂低得多。例如，计及燃料消耗在内，火电厂的年运行费用为同容量水电站的10 倍至 15 倍。因此水力发电的成本较低，可以提供廉价的电能。

（3）高效而灵活。水力发电主要动力设备的水轮发电机组，不仅效率高而且启动、操作灵活。它可以在几分钟内从静止状态迅速启动投入运行；在几秒钟内完成增减负荷的任务，适应电力负荷变化的需要，而且不会造成能源损失。因此，利用水电承担电力系统的调峰、调频、负荷备用和事故备用等任务，可以提高整个系统的经济效益。

（4）工程效益的综合性。一方面，由于筑坝拦水形成了水面辽阔的人工湖泊，控制了水流，因此兴建水电站一般都兼有防洪、灌溉、航运、给水以及旅游等多种效益。另一方面，建设水电站后，也可能出现泥沙淤积，淹没良田、森林和古迹等文化设施，库区附近可能造成疾病传染，建设大坝还可能影响鱼类的生活和繁衍，库区周围地下水位大大提高会对其边缘的果树、作物生长产生不良影响。大型水电站建设还可能影响流域的气候，导致干旱或洪水，特别是大型水库有诱发地震的可能。因此在地震活动地区兴建大型水电站必须对坝体、坝肩及两岸岩石的抗震能力进行研究和模拟试验，予以充分论证。这些都是水电开发所要研究的问题。

（5）一次性投资大。兴建水电站土石方和混凝土不仅工程巨大，而且会造成相当大的淹没损失，需支付巨额移民安置费用；工期也较火电厂建设长，影响建设资金周转。即使由各受益部门分摊水利工程的部分投资，水电的单位千瓦投资也比火电高出很多。但在以后的运行中，年运行费的节省逐年抵偿。其最大允许抵偿年限与国家的发展水平和能源政策有关，抵偿年限小于允许值则认为增加水电站的装机容量是合理的。

三、研究内容

世界上已建的绝大多数水电站都属于利用河川天然落差和流量而修建的常规水电站。这种水电站按对天然水流的利用方式和调节能力分为径流式和蓄水式两种；按开发方式又可分为坝式水电站、引水式水电站和坝——引水混合式水电站。抽水蓄能电站是 20 世纪

60 年代以来发展较快的一种水电站。而潮汐电站由于造价昂贵，尚未能大规模开发利用。其他形式的水力发电，如利用波浪能发电尚处于试验研究阶段。

为实现不同类型的水电开发，需要使用水文、地质、水工建筑物、水力机械、电器装置、水利勘测、水利规划、水利工程施工、水利管理、水利经济学和电网运行等方面的知识，对下列方面进行研究。

1. 规划

水力发电是水资源综合开发、治理、利用系统的一个组成部分。因此，在进行水电工程规划时要从水资源的充分利用和河流的全面规划综合考虑发电、防洪、灌溉、通航、漂木、供水、水产养殖、旅游等各方面的需要，统筹兼顾，尽可能地满足各方面的要求，取得最大的国民经济效益。水力资源又属于电力能源之一，在进行电力规划时，也要根据能源条件统一规划。在水力资源比较充沛的地区，宜优先开发水电，充分利用再生性能源，以节约宝贵的煤炭、石油等资源。水力发电与火力发电为当今两种主要发电方式，在同时具备这两种方式的电力系统中，应发挥各自的特性，以取得系统最佳经济效益。一般火力发电宜承担电力系统负荷平稳部分（或称"基荷部分"），使其尽量在高效工况下运行，可节省系统燃料消耗，有利安全、经济运行；水力发电由于开机、停机比较灵活，宜于承担电力系统的负荷变动部分，包括尖峰负荷及事故备用等。水力发电亦适宜为电力系统担任调频和调相等任务。

2. 建筑物

水电站建筑物包括为形成水库需要的挡水建筑物，如坝、水闸等；排泄多余水量的泄水建筑物，如溢洪道、溢流坝、泄水孔等；为发电取水的进水口；由进水口至水轮机的水电站引水建筑物；为平稳引水建筑物的流量和压力变化而设置的水平建筑物以及水电站厂房、尾水道、水电站升压开关站等。对这些建筑物的性能、适用条件、结构和构造的形式、设计、计算和施工技术等都要进行细致研究。

3. 设备

水轮机和水轮发电机是基本设备。为保证安全经济运行，在厂房内还配置有相应的机械、电气设备，如水轮机调速器、油压装置、励磁设备、低压开关、自动化操作和保护系统等。在水电站升压开关站内主要设升压变压器、高压配电开关装置、互感器、避雷器等以接受和分配电能。通过输电线路及降压变电站将电能最终送至用户。这些设备要求安全可靠，经济适用，效率高。为此，对设计和施工、安装都要精心研究。

运行管理水电站除自身条件，如水道参数、水库特性外，与电网调度有密切联系，应尽量使水电站水库保持较高水位，减少弃水，使水电站的发电量最大或电力系统燃料消耗最少以求得电网经济效益最高为目标。对有防洪或其他用水任务的水电站水库，还应进行防洪调度及按时供水等，合理安排防洪和兴利库容，综合满足有关部门的基本要求，建立水库最优运行方式。当电网中有一群水库时，要充分考虑水库群的相互补偿效益。

4. 效益评价

水力发电向电网及用户供电所取得的财务收入为其直接经济效益，但还有非财务收入的间接效益和社会效益。欧美有一些国家实行多种电价制，如分别一天不同时间、一年不同季节计算电能电价，在事故情况下紧急供电的不同电价，按千瓦容量收取费用的电价等。长期以来中国实行按电量计费的单一电价，但水力发电除发出电能外还能承担电网的调峰、调频、调相、事故（旋转）备用，带来整个电网运行的经济效益；水电站水库除提供发电用水外，并发挥综合利用效益。因此在进行水力发电建设时，须从国民经济全局考虑，阐明经济效益，进行国民经济评价。

四、生态与环境影响

1. 生态影响

巨大的、需要淹没广泛上游领域的水坝，能够破坏生物的多样性、有生产力的低地、沿江河谷森林、湿地和草原，为水力发电而建设的水库能够引起周边地区栖息地的细碎化和导致水土流失的恶化。

水电项目会影响周围区域的上游和下游的水生生态系统。例如，有研究表明，沿北美大西洋和太平洋海岸的水坝减少了需要到上游产卵的鲑鱼种群数量，因为大坝阻止了这些鱼到上游的繁殖地产卵。虽然在鲑鱼栖息地的最大水坝安装有鱼梯，也不能避免这种情况。年幼的鲑鱼也在遭受着损害，因为在它们迁移到海里时，必须通过发电站的涡轮。为了保护这些鱼类，美国的一些地区在一年中的部分时期通过游艇运输小鲑鱼到下游。在特殊情况下，一些大坝，如旱獭大坝，由于它对鱼类的影响，已被拆除。如何设计对水生生物破坏较小的涡轮发电机，是一个活跃的研究领域。一些缓解措施，如鱼梯，在一些国家已成为新项目获批和现有项目的评审通过的必需条件。

如长江流域大型水利工程的建设等因素，严重影响了中华鲟的洄游路线和繁殖场所，使之种群数量急剧减少，并濒临灭绝危险。

2. 环境影响

水力发电所带来的环境影响：

（1）地理方面：巨大的水库可能引起地表的活动，甚至诱发地震。此外，还会引起流域水文上的改变，如下游水位降低或来自上游的泥沙减少等。水库建成后，由于蒸发量大，气候凉爽且较稳定，降雨量减少。

（2）生物方面：对于陆生动物而言，水库建成后，可能会造成大量的野生动植物被淹没死亡，甚至全部灭绝。对于水生动物而言，水库建成后，由于上游生态环境的改变，会使鱼类受到影响，甚至导致灭绝或种群数量减少。同时，由于上游水域面积的扩大，使某些生物（如钉螺）的栖息地点增加，为一些地区性疾病（如血吸虫病）的蔓延创造了条件。

（3）物理化学性质方面：流入和流出水库的水在颜色和气味等物理化学性质方面发生改变，而且水库中各层水的密度、温度，甚至溶解度等有所不同。深层水的水温低，而且沉积库底的有机物不能充分氧化处于厌氧分解，水体的二氧化碳含量明显增加。

五、发展与展望

1. 沿革

1878 年，法国建成世界上第一座水电站。美洲第一座水电站建于美国威斯康星州阿普尔顿的福克斯河上，由一台水车带动两台直流发电机组成，装机容量 25kW，于 1882 年 9 月 30 日发电。欧洲第一座商业性水电站是意大利的特沃利水电站，于 1885 年建成，装机容量 65kW。19 世纪 90 年代起，水力发电在北美、欧洲许多国家受到重视，利用山区湍急的河流、跌水、瀑布等优良地形位置修建了一批数十至数千千瓦的水电站。1895 年，在美国与加拿大边境的尼亚加拉瀑布处建造了一座大型水轮机驱动的 3750kW 水电站。进入 20 世纪以后，由于长距离输电技术的发展，使边远地区的水力资源逐步得到开发利用，并向城市及用电中心供电。30 年代起水电建设的速度和规模有了更快和更大的发展，由于筑坝、机械、电气等科学技术的进步，已能在十分复杂的自然条件下修建各种类型和不同规模的水力发电站。全世界可开发的水力资源约为 22.61 亿 kW，分布不均匀，各国开发的程度亦各异。

中国是世界上水力资源最丰富的国家，可开发量约为 3.78 亿 kW。中国大陆第一座水电站为建于云南省螳螂川上游的石龙坝水电站，始建于 1910 年 7 月，1912 年发电，当时装机容量 480kW，以后又分期改建、扩建，最终达 6000kW。1949 年中华人民共和国成立前，全国建成和部分建成水电站共 42 座，装机容量共 36 万 kW，该年发电量 12 亿 kWh（不包括台湾地区）。1950 年以后水电建设有了较大发展，以单座水电站装机 25 万 kW 以上为大型，2.5 万～25 万 kW 之间为中型，2.5 万 kW 以下为小型，大、中、小并举，建设了一批大型骨干水电站。其中，最大的为长江上的三峡大坝。在一些河流上建设了一大批中型水电站，其中有一些还串联为梯级。此外，在一些中小河流和溪沟上也修建了一大批小型水电站。截至 1987 年年底，全国水电装机容量共 3019 万 kW（不含 500kW 以下的小水电站），小水电站总装机容量 1110 万 kW（含 500kW 以下的小水电站）。2010 年 8 月 25 日，云南省有史以来单项投资最大的工程项目——华能小湾水电站四号机组（装机 70 万千瓦）正式投产发电，成为中国水电装机容量突破 2 亿千瓦标志性机组，我国水力发电总装机容量由此跃居世界第一。

中国是世界上水能资源最丰富的国家之一，水能资源技术可开发装机容量为 5.42 亿千瓦，经济可开发装机容量 4.02 亿千瓦，开发潜力还很大。

2. 发展

在我国电力需求的强力拉动下，我国水轮机及辅机制造行业进入快速发展期，其经济规模及技术水平都有显著提高，我国水轮机制造技术已达世界先进水平。

目前，我国水轮机及辅机制造行业综合实力明显增加，全行业呈现出蓬勃发展、充满活力的可喜局面，行业趋好的标志表现在经济运行质量的提高和经济效益的显著增长上。2010年，我国水轮机及辅机制造行业规模以上（全年销售收入在500万元以上）企业68家，实现销售收入44.70亿元，同比增长2.35%；实现利润总额3.23亿元，同比增长4.16%。

目前，节能、环保、高效机组已成为发电设备产品的发展方向，作为水力发电设备重要组成部分的水轮机，未来也将朝着大功率和高参数方向发展。大型混流式水电机的国产化还带动了我国贯流式水轮机和冲击式水轮机的技术进步，我国水轮机制造业在国际市场上的地位不断提高。

2010年，我国水电装机规模达到2.11亿千瓦，新增核准水电规模1322万千瓦，在建规模7700万千瓦。根据我国对国际社会做出的"2020年非石化能源将达到能源总量15%"承诺，我国水电行业2020年装机容量须达到3.8亿千瓦。而即使按照我国公布的《可再生能源中长期发展规划》，确定到2020年水电装机容量要达到3亿千瓦，国内11年内将新增单机容量50千瓦以上的大型水电机组近300台，每年平均新装25台50万千瓦及以上大型水电机组。若按2020年达到3.8亿千瓦的装机容量，我国所需的水轮机及辅机设备将进一步增加，我国水轮机及辅机行业发展前景广阔。

3. 展望

在一些水力资源比较丰富而开发程度较低的国家（包括中国），今后在电力建设中将因地制宜地优先发展水电。在水力资源开发利用程度已较高或水力资源贫乏的国家和地区，已有水电站的扩建和改造势在必行，配合核电站建设所兴建的抽水蓄能电站将会增多。在中国除了有重点地建设大型骨干电站外，中、小型水电站由于建设周期短、见效快、对环境影响小，将会进一步受到重视。随着电价体制的改革，可更恰当地体现和评价水力发电的经济效益，有利于吸收投资，加快水电建设。在水电建设前期工作中，新型勘测技术，如遥感、遥测、物探以及计算机、计算机辅助设计等将获得发展和普及；对洪水、泥沙、水库移民、环境保护等问题将进行更为妥善的处理；水电站的自动化、远动化等也将进一步完善推广；发展远距离、超高压、超导材料等输电技术，将有利于加速中国西部丰富的水力资源开发，并向东部沿海地区送电。

随着国家"节能减排"政策的实施，能源替代型减排成了中国的切实选择，水电成为可再生能源的首选，现阶段具有成本优势的水电企业将进入高速发展的快车道。因此，国内优秀的水力发电企业越来越重视对产业市场的研究，特别是对行业发展环境和产业购买者的深入研究。也正因为如此，一大批国内优秀的水力发电企业迅速崛起，逐渐成为中国水力发电行业中的翘楚！

（1）"十三五"中国水力发电规划

根据《水电发展"十三五"规划》，未来我国水电大型基地建设趋势如下：

基本建成六大水电基地。继续推进雅砻江两河口、大渡河双江口等水电站建设，增加"西电东送"规模，开工建设雅砻江卡拉、大渡河金川、黄河玛尔挡等水电站。加强跨省界河水电开发利益协调，继续推进乌东德水电站建设，开工建设金沙江白鹤滩等水电站。加快金沙江中游龙头水库的研究论证，积极推动龙盘水电站建设。基本建成长江上游、黄河上游、乌江、南盘江红水河、雅砻江、大渡河六大水电基地，总规模超过1亿千瓦。

着力打造藏东南"西电东送"接续能源基地。开工建设金沙江上游叶巴滩、巴塘、拉哇等项目，加快推进金沙江上游旭龙、奔子栏水电站前期工作，力争尽早开工建设，努力打造金沙江上游等"西电东送"接续能源基地。

配套建设水电基地外送通道。做好电网与电源发展合理衔接，完善水电市场消纳协调机制，按照全国电力统一优化配置原则，落实西南水电消纳市场，着力解决水电弃水问题。加强西南水电基地外送通道规划论证，加快配套送出工程建设，建成投产金中至广西、滇西北至广东、四川水电外送、乌东德送电广东、广西等输电通道，开工建设白鹤滩水电站外送输电通道，积极推进金沙江上游等水电基地外送输电通道论证和建设。

（2）2018—2023年中国水力发电量预测

为了落实生态文明建设的要求，统筹全流域、干支流的开发与保护工作，按照流域内干流开发优先、支流保护优先的原则，严格控制中小流域、中小水电开发，保留流域必要生境，维护流域生态健康。水能资源丰富、开发潜力大的西部地区重点开发资源集中、环境影响较小的大型河流、重点河段和重大水电基地，严格控制中小水电开发；开发程度较高的东、中部地区原则上不再开发中小水电。弃水严重的四川、云南两省，除水电扶贫工程外，"十三五"暂停小水电和无调节性能的中型水电开发。

第四节　核能发电

一、核能发电

1. 简介

核能发电是利用核反应堆中核裂变所释放出的热能进行发电，它是实现低碳发电的一种重要方式。国际原子能机构2011年1月公布的数据显示，全球正在运行的核电机组共442座，核电发电量约占全球发电总量的16%。拥有核电机组最多的国家依次为：美国、法国、日本和俄罗斯。

核能发电利用铀燃料进行核分裂连锁反应所产生的热，将水加热成高温高压，核反应所放出的热量较燃烧化石燃料所放出的能量要高很多（相差百万倍），而所需要的燃料体积与火力电厂相比少很多。核能发电所使用的铀 235 纯度只占 3% ~ 4%，其余皆为无法产生核分裂的铀 238。

举例而言，核电厂每年要用掉 50 吨的核燃料，只要 2 支标准货柜就可以运载。如果换成燃煤，则需要 515 万吨，每天要用 20 吨的大卡车运 705 车才够。如果使用天然气，需要 143 万吨，相当于每天烧掉 20 万桶家用瓦斯。换算起来，刚好接近中国台湾地区 692 万户的瓦斯用量。

2. 发电原理

核能发电的能量来自核反应堆中可裂变材料（核燃料）进行裂变反应所释放的裂变能。裂变反应指铀 -235、钚 -239、铀 -233 等重元素在中子作用下分裂为两个碎片，同时放出中子和大量能量的过程。反应中，可裂变物的原子核吸收一个中子后发生裂变并放出两三个中子。若这些中子除去消耗，至少有一个中子能引起另一个原子核裂变，使裂变自持地进行，这种反应称为链式裂变反应。实现链式反应是核能发电的前提。

3. 优势

世界上有比较丰富的核资源，核燃料有铀、钍氘、锂、硼等等，世界上铀的储量约为 417 万吨。地球上可供开发的核燃料资源，可提供的能量是矿石燃料的 10 多万倍。核能作为缓和世界能源危机的一种经济有效的措施有许多的优点：

其一，核燃料具有许多优点，如体积小而能量大，核能比化学能大几百万倍；1000 克铀释放的能量相当于 2400 吨标准煤释放的能量；一座 100 万千瓦的大型烧煤电站，每年需原煤 300 万 ~ 400 万吨，运这些煤需要 2760 列火车，相当于每天 8 列火车，还要运走 4000 万吨灰渣。同功率的压水堆核电站，一年仅耗铀含量为 3% 的低浓缩铀燃料 28 吨；每一磅铀的成本，约为 20 美元，换算成 1 千瓦发电经费是 0.001 美元左右，这和传统发电成本比较，便宜许多；而且，由于核燃料的运输量小，所以核电站就可建在最需要的工业区附近。核电站的基本建设投资一般是同等火电站的一倍半到两倍，不过它的核燃料费用要比煤便宜得多，运行维修费用也比火电站少，如果掌握了核聚变反应技术，使用海水做燃料，则更是取之不尽，用之方便。

其二，污染少。火电站不断地向大气中排放二氧化硫和一氧化氮等有害物质，同时煤里的少量铀、钛和镭等放射性物质，也会随着烟尘飘落到火电站的周围，污染环境。而核电站设置了层层屏障，基本上不排放污染环境的物质，就是放射性污染也比烧煤电站少得多。据统计，核电站正常运行的时候，一年给居民带来的放射性影响，还不到一次 X 光透视所受的剂量。

其三，安全性强。从第一座核电站建成以来，全世界投入运行的核电站有 400 多座，

30 多年来基本上是安全正常的。虽然有 1979 年美国三里岛压水堆核电站事故和 1986 年苏联切尔诺贝利石墨沸水堆核电站事故，但这两次事故都是由于人为因素造成的。随着压水堆的进一步改进，核电站有可能会变得更加安全。

二、核裂变反应堆

裂变反应堆是一种实现可控核裂变链式反应的装置，是核能工业中最重要的装置之一。1942 年 12 月，E. 费米领导的研究组建成了世界上第一座人工裂变反应堆，首次实现了可控核裂变链式反应，简称为"反应堆"。裂变反应堆主要由核燃料、减速剂、控制棒、冷却剂、反应层等组成。词条详细介绍了裂变反应堆的发展历史、工作原理、临界状态、组成、控制、屏蔽、类型以及反应堆的安全等。

1. 反应堆的组成

（1）核燃料

核燃料一般是浓缩铀，制成棒状，排列在堆芯，质量和体积都超过临界值。反应堆内具有特定形状和结构的核燃料称为燃料元件。反应堆的核心部分称为堆芯，又称"活性区"。堆芯主要由燃料元件、慢化剂和一些结构部件组成，还需有冷却剂流过堆芯。一般情况下，在堆芯周围设有反射层，把外逸的部分中子送回堆芯，以减少中子的损失。反射层以外是堆的壳体，再外面是屏蔽层。

燃料元件是堆芯的主要部件。大多数反应堆采用圆棒形燃料元件，也有用片形、圆管形、球形、六角管形等元件的。它主要由裂变材料芯片（或芯体）和包壳组成。裂变材料应具有良好的辐照和化学稳定性、高导热系数和低膨胀系数（金属、合金、氧化物或碳化物等形式都可以应用）。可用天然铀，也可用浓缩铀做裂变材料，用钚做裂变材料时可单独使用，也可同铀混合使用。元件包壳起支撑结构作用，同时也可用来防止裂变产物外逸污染冷却剂回路，并防止冷却剂同裂变材料直接接触发生腐蚀等不利的化学反应。包壳材料要求对中子有较小的吸收截面，足够的机械强度，良好的热导率，耐辐照，同裂变材料和冷却剂在化学上能相容，价格低廉，易于加工。低温小功率反应堆可以用铝或其合金做元件包壳，核电站用反应堆一般用锆合金做包壳，也有用不锈钢的，在温度 700℃以上的高温气冷堆中则用石墨做燃料包壳。

$238U$ 和 $232Th$ 本身不易产生裂变，但它们吸收中子后能转变成 $239Pu$ 和 $233U$ 等裂变材料，因此又称之为"次级裂变材料"。在用铀做燃料的反应堆内总有 $238U$ 存在，由它转化而得的 $239Pu$，一部分在堆内被作为燃料消耗掉，另一部分留存在由堆内卸出的经辐照后的燃料中，将这种辐照后燃料加以化学处理（后处理），可回收 $239Pu$。将 $232Th$ 加入燃料元件中放在反射层中，可得到 $233U$。

（2）减速剂

由于热中子对 235U 的裂变截面较大，而裂变放出快中子，需要用减速剂将中子慢化，常用的减速剂是石墨或重水，快中子与它们做弹性碰撞，可很快减速成热中子。

（3）控制棒

控制棒插入堆芯能大量吸收中子，可使反应减慢或停止；反之，控制棒提出堆芯，反应则可加速进行。常用的控制棒是镉棒或硼钢棒，镉或硼对慢中子有很大的俘获截面。

（4）冷却剂

冷却剂循环流过堆芯，从堆芯取出反应所产生的大量热能，再通过二级热交换器将热能传送到堆外提供能源。

为了利用反应堆中产生的热量，并且不使堆芯和反射层因受到高温而损坏，就要用液体或气体作为冷却剂流经反应堆，把热量引导出来，以产生蒸汽去发电或作为动力，或用于其他方面。冷却剂除应具有同慢化剂相似的性能外，还需要有高导热能力。常用的冷却剂为普通水、重水、氦和二氧化碳等。在快中子增殖堆中则用液态金属钠做冷却剂。冷却剂的用量很大，需要循环使用。即使用普通水做冷却剂，由于对水质的要求很高并在中子照射下带有放射性等原因，也需循环使用。因此，一般情况下，用水泵、风机和管道组成一个冷却回路，让冷却剂在其中循环流动，在一些用于发电的反应堆中，冷却回路被称为一回路，多数情况下其中没有热交换器而是把热能传给二回路中的水，以产生蒸汽送去发电或作为动力。在某些反应堆中，慢化剂和冷却剂用同一种材料。

（5）反射层

堆芯周围设有反射层。反射层外是堆的壳体，壳体外面是防止射线伤害人体的混凝土保护墙；反应堆内还设有其他控制系统，以保证安全和调整功率。

2. 反应堆的控制

通常称反应堆中每代中子平均存活的时间为堆中子寿命。裂变过程中直接放出的中子占中子总数的 99% 以上，绝大多数中子的寿命为 $10^{-4} \sim 10^{-3}$ 秒量级，称为瞬发中子；不到 1% 的中子由裂变碎片核放出，它们以几分之一秒到几十秒的半衰期放出中子，称为缓发中子。启动反应堆，先要使堆进入超临界状态（中子增殖系数大于 1），堆内中子数才能开始按指数规律增长。中子增殖系数超过 1 的部分称为剩余中子增殖系数。比如，堆内瞬发中子寿命为 10^{-4} 秒，剩余中子增殖系数超过了缓发中子份额，反应堆不依靠缓发中子就可维持超临界状态，功率增长将难以控制。如果剩余中子增殖系数小于缓发中子份额，反应堆要依靠缓发中子才能维持超临界状态。由于缓发中子寿命较长，平均可使全堆中子寿命延长两个量级以上，堆内中子数就会以缓慢的速度增长，也就可控制反应堆的运行。所以，控制反应堆的关键在于保持剩余中子增殖系数不大于缓发中子份额。

为了实现对反应堆的控制，主要方法是向堆内增加或减少能强烈吸收中子的材料来改变堆的反应性。硼、铪、镉及其化合物都可用作控制材料，通常把它们制成棒状或片状应用，称为控制棒。控制材料也可以用液体形式，如把硼酸水溶液加到用作慢化剂和冷却剂的水中，就可以起控制作用，但这一方法只能在反应性变化较慢的条件下应用。中子增殖系数不仅同中子在堆内的生成和吸收有关，还同中子由堆内往外的泄漏有关。因此，在用液体作为慢化剂或冷却剂和反射层的堆中，调节液态反射层水位，从而改变中子的泄漏份额也可以用作控制反应堆的方法。

控制棒可分为安全棒、补偿棒和调节棒。安全棒的作用是当反应堆发生意外或事故时，它可依靠弹簧或重力装置迅速进入堆芯使反应堆停闭，从而保证安全；补偿棒用来补偿堆内反应性的缓慢变化；调节棒的作用是调整反应堆的功率，使之达到并维持给定水平。对控制材料的要求是，吸收中子的能力强，热稳定性和辐照稳定性好，同冷却剂的相容性好，有一定机械强度并易于加工制造。

3. 反应堆的屏蔽

反应堆运行过程中产生大量中子，同时裂变产物具有极强的放射性。为使反应堆的操作人员不受各种放射线的伤害，反应堆的外部设有很厚的屏蔽层。快中子有很强的穿透力，慢中子比较容易被一般材料吸收，用一定的慢化材料把快中子慢化下来，着重对慢中子屏蔽，就实现了中子屏蔽。γ 射线也具有强穿透力，要用含有重元素的材料才能有效地屏蔽 γ 射线。铅对 γ 射线的屏蔽性能很好，但价格较贵，不能广泛使用。一般是用混凝土加上铁矿石或用较厚的混凝土层做屏蔽层。屏蔽层的厚度取决于反应堆的功率，有时厚 3～4 米。

4. 反应堆的类型

可以从不同角度划分反应堆的类型、用途、堆芯结构、采用的核燃料、冷却剂和慢化剂、堆内中子能量、中子在堆内能否使核燃料增殖等因素都可以作为分类标准。按照用途可以把反应堆大致分为生产堆、研究性反应堆和动力堆（包括供热堆）三大类；也可以分为军用和民用两大类。

（1）生产堆。生产堆主要用来生产核武器装料的 239Pu 和 T（氚），也可附带生产一点别的放射性核素。只有发展核武器的核大国才建造这种堆。

（2）研究性反应堆。研究性反应堆的用途很广，可以用作基础研究，也可用于工程研究，还可用于生产同位素。研究堆可以用于核物理、中子物理、凝聚态物理、辐射化学、生物学、医学、材料科学等许多学科基础研究的实验的中子源，所以称为中子源堆。工程研究堆大致可分成两类。①功率极低（一般在 100W 以下）的堆，称为零功率堆或零功率装置。零功率堆的大部分物理性能不随堆的功率高低发生显著变化，结构简单灵活，放射性极低，工作人员易于接近操作，改变条件就可以进行各种实验研究。有一时期，在中子数据不齐全、电子计算机性能也不够好的条件下常用零功率堆模拟研究新型堆的物理性能，以所得的资料，作为新堆的设计基础。随着堆技术的进展，这种堆大部分已停止使用，只有少数研究先进堆型的堆还在运行。②功率为几万到十几万千瓦的工程研究堆，主要用来研究新型堆的燃料元件和各种堆用材料的辐照性能。

（3）动力堆。动力堆主要用来发电或提供动力，单纯提供热能的堆也可归入这一类型。这类堆有军用民用之分。军用动力堆主要用来生产军舰汽轮机用的蒸汽，特别在潜艇上用得最多。民用动力堆（以下简称"动力堆"）主要用在核电站中，起着火电站中锅炉的作用。民用堆又可以分为快中子堆、慢中子堆。到 20 世纪 70 年代前期为止，慢中子堆技术已进入成熟阶段，其特征是大型慢中子堆核电站的发电成本显著低于火电站。技术比较成熟的慢中子动力堆有压水堆、沸水堆、重水堆和石墨气冷堆四种。此外，还有熔盐（增殖）堆、中子增殖堆等。

（4）其他型堆。根据不同的应用，还有微型中子源反应堆、TRIGA 堆、高中子通量反应堆及游泳池堆等。

5. 反应堆的安全

反应堆的安全主要是指临界安全和放射性剂量安全，这都是人们普遍关心的问题。

（1）临界安全

反应堆和原子弹都用核裂变链式反应为工作原理，但二者的设计思想根本不同。反应堆即使在发生严重的失控超临界事故时，也不会形成严重的爆炸。从 20 世纪 50 年代后期起，美国曾建造过几座实验性反应堆，有意识地做这方面的试验，一直做到反应堆因失控超临界而损坏为止，证明了上述结论。尽管如此，失控超临界事故总要造成严重的损失，必须加以防止。为了使反应堆能在相当长的一段时间内得以连续运行，装料时装入的燃料量要比临界质量大很多。此时堆的剩余中子增殖系数可能比缓发中子份额大出十几、二十倍甚至更多，称为后备反应性，这些反应性可用在堆芯内加入大量控制棒和在冷却水中加硼酸等方法补偿掉。反应堆运行过程中可能因一些偶然事件而使后备反应性释放出来（如堆芯内的控制棒可能因操作失误而提出堆外），而造成超临界事故。

为了避免超临界事故，除在堆上装设多种监督信号系统和事故保护系统外，在反应堆的设计中还要采取各种预防措施。其中很重要的一条是把堆设计得具有负温度效应，负温度效应指的是堆的温度上升时反应性减小。这样，如果某种因素引起堆的反应性上升，堆的功率上升，温度也就随之上升，造成反应性下降，形成负反馈，这样就提高了反应堆的安全性。另一种安全措施是，任何一根控制棒所补偿的反应性都不设计得过分大。这样，万一对某一根控制棒的操作发生失误，也不致形成严重事故。反应堆在设计和运行方面已经积累了足够多的经验，只要认真对待，临界安全是完全可以保证的。

（2）放射性剂量安全

为了保证安全，还要有发生事故时的对策。采取措施，防止堆内大量产生的放射性泄漏出来伤人就是对策之一，这种措施应把事故的后果降到最低限度。屏蔽层是防止中子和 γ 射线直接从堆芯穿透出来伤人的措施，但是堆芯内的放射性还可能传到别处去，因此必须采取其他的措施。为此，一般反应堆设有三道屏障，第一道屏障是燃料元件的芯片和包壳，堆内的放射性绝大多数来自核燃料裂变碎片核及其衰变产物，这些裂变产物98%以上停留在元件芯体中，剩下的则被包壳挡住，不能外逸，由于堆内元件数目成千上万，运行几年以后可能有少量元件包壳破损，这时由破损元件逸出到回路中去的放射性物质数量并不很大。第二道屏障是反应堆的一回路，它是包括压力壳在内的密封系统，做得很坚固，一般情况下不会让放射性核素漏到外面来。第三道屏障是由预应力钢筋混凝土或钢制成的安全壳，它将堆本体和整个一回路密封出来，万一前两道屏障失灵，它仍能保证周围居民的剂量安全。

实践证明，反应堆发生重大事故导致人身伤亡的概率远小于自然灾害和汽车飞机失事等人为灾害。只要有严密的安全措施和设计施工中的审核检查办法，严格的操作规程和安全管理制度以及经常的剂量监督，核电站并不比其他的电站更不安全；对环境的污染甚至可以低于火力发电站。

三、中国核电行业运行现状及行业发展趋势

1. 核电行业发展现状

核能发电是利用核反应堆中核裂变所释放出的热能进行发电的方式，它与火力发电极其相似。它只是以核反应堆及蒸汽发生器来代替火力发电的锅炉，以核裂变能代替矿物燃料的化学能。除沸水堆外，其他类型的动力堆都是一回路的冷却剂通过堆心加热，在蒸汽发生器中将热量传给二回路或三回路的水，然后形成蒸汽推动汽轮发电机。沸水堆则是一回路的冷却剂通过堆心加热变成 70 个大气压左右的饱和蒸汽，经汽水分离并干燥后直接推动汽轮发电机。

近年来，我国核电的电源工程投资完成额呈波动变化态势。2016 年，我国核电的电源工程投资完成额为 506 亿元，较上年同比下滑 9.64%；据最新统计，2017 年 1—2 月，核电电源工程投资为 45 亿元。

2015 年，我国核电发电量达 1707.89 亿千瓦时，同比增长 28.86%；2016 年，我国核电发电量为 2127.00 亿千瓦时，同比增长 24.54%，达到历年新高；截至 2 月份，2017 年的核电发电量达到 333.50 亿千瓦时。

2016 年，水电发电量 10518 亿千瓦时，占全国发电量的 17.8%；火电发电量 43958 亿千瓦时，占全国发电量的 74.37%；核电、风电和太阳能发电量分别为 2127 亿千瓦时、2113 亿千瓦时和 395 亿千瓦时，比重分别为 3.60%、3.57% 和 0.67%。

2017 年年底，龙源电力在弃风三省的风电装机容量累计高达 546.7 万千瓦，风电发电量 98.3 亿千瓦时，占公司总发电量的 28.5%；大唐新能源在三省份风电装机容量达 380.2 万千瓦，装机占比为 44%；节能风电在三省风电装机容量为 154.6 万千瓦，占比 66.1%。

假设风电企业 2017 年的弃风电量全部消纳，测算结果显示大唐新能源和节能风电的业绩增长较高，分别为 122.59% 和 104.32%。

从营业收入看，中国核电营业收入从 2014 年的 188 亿元增长到 2017 年的 335.9 亿元，中广核电力从 204.9 亿元增长到 449.9 亿元（未对宁德核电做追溯调整），营收差距有所扩大。

从装机容量看，中广核电力从 2014 年的 720.8 万千瓦增长到 1699.4 万千瓦（控股机组部分），中国核电从 868.4 万千瓦增长至 1434 万千瓦，两者装机均实现了较快速的发展。而两家核电企业的利用小时数均呈下降趋势。

对比中国核电及中广核电力相关数据可以发现，整体上中广核电力度电毛利润略优于中国核电，但近年来两公司均有所下滑。随着电力体制改革的推进，两公司平均上网电价均有所下降。

未来随着核电消纳形势的逐步改善、电力市场化交易电量折让收窄，判断中广核电力的电价有望持稳，不存在大幅下滑的风险。

从成本侧分析，两公司度电成本基本保持稳定，受新机组转固折旧及燃料费用影响有小幅波动。

2. 核电行业发展趋势

近年来，我国在运核电机组数量不断增长，第三代核电技术也具备了较强的自主研发能力。专家认为，未来核电发展要统筹利用国内外市场，带动全产业链"走出去"，从而促进国内装备制造业的发展。

预判到 2022 年我国核电总体装机容量将超过 6800 万千瓦，在建装机容量超过 3000 万千瓦，2017—2022 年均复合增长率为 13.25%，核电产业发展空间巨大。

核电是一个长生命周期行业，前期投资大，工程建设、运营成本高的问题制约其发展；同时在电力改革的影响下，降负荷运行也使得核发电量损失较大。对此，报告建议，要通过改进优化设计、建安一体化、模块化制造、标准化与批量化建设等手段，降低三代核电项目工程造价；把发展先进的核电站运维、检修技术作为提高核电站运营管理水平的有效手段，降低运维成本；积极参与电力市场竞争，增强核电站运行的灵活性，以适应电力体制改革的需要。

"核电行业作为推动绿色发展、建设美丽中国的重要选择，将在我国低碳能源体系中扮演更加关键的角色。"在《中国核能发展报告(2018)》蓝皮书编委会主编张廷克看来，未来 30 年是中国核电发展的重要历史机遇期，也是建设核电强国的关键阶段。

报告显示，核电发电量已占全球发电量的 10.6%，我国对化石能源依赖过大，核电发电量仅为总发电量的 3.94%。《电力发展"十三五规划"》提出，到 2020 年我国核电运行和在建装机将达 8800 万千瓦。从目前国内情况看，要想实现规划目标，未来几年我国每年将新增建设 6 台至 8 台百万千瓦核电机组。

"我国核电产业发展要有新作为，全力推动核电安全高效可持续发展，努力建成核电强国。"张廷克介绍说，我国采取"压水堆—快堆—聚变堆"三步走战略，在 2035 年前，自主三代压水堆技术将是国内新建核电的主力堆形，华龙一号、CAP1000/1400 将在国内规模化发展。到 2035 年后，我国核能的生产方式将向压水堆与包括快堆在内的先进核能系统匹配发展方向转变。

当前，全球核电产业虽然受诸多因素冲击，但报告对未来核电发展前景依然看好，并建议要抓住"一带一路"机遇，统筹利用好两个市场，以核电为龙头，带动全产业链"走出去"，从而促进国内装备制造业发展。

第五节　新能源发电

新能源一般是指在新技术基础上加以开发利用的可再生能源，包括太阳能、生物质能、风能、地热能、波浪能、洋流能和潮汐能等。此外，还有氢能等。而已经广泛利用的煤炭、石油、天然气、水能、核裂变能等能源，称为常规能源。新能源发电也就是利用现有的技术，通过上述新型能源，实现发电的过程。

一、能源开发与利用

1. 能源资源

能源资源包括煤、石油、天然气、水能等，也包括太阳能、风能、生物质能、地热能、海洋能、核能等新能源。纵观社会发展史，人类经历了柴草能源时期、煤炭能源时期和石油、天然气能源时期，目前正向新能源时期过渡，并且无数学者仍在不懈地为社会进步寻找开发更新更安全的能源。但是，目前人们能利用的能源仍以煤炭、石油、天然气为主，在世界一次能源消费结构中，这三者的总和约占 93%。

能源按其来源可以分为下面四类：

第一类来自太阳能。除了直接的太阳辐射能之外，煤、石油、天然气等石化燃料以及生物质能、水能、风能、海洋能等资源都是间接来自太阳能。

第二类是以热能形式储藏于地球内部的地热能，如地下热水、地下蒸汽、干热岩体等。

第三类是地球上的铀、钍等核裂变能源和氘、氚、锂等核聚变能源。

第四类是月球、太阳等星体对地球的引力，而以月球引力为主所产生的能量，如潮汐能。

能源按使用情况进行分类，可分以一次能源和二次能源。凡从自然界可直接取得而不改变其基本形态的能源称为一次能源；一次能源经过加工或转换得到的能源称为二次能源。

在一定历史时期和科学技术水平下，已被人们广泛应用的能源称为常规能源。那些虽古老但需采用新的先进的科学技术才能加以广泛应用的能源称为新能源。凡在自然界中可以不断再生并有规律地得到补充的能源，称为可再生能源。经过亿万年形成的，在短期内无法恢复的能源称为非可再生能源。

2. 资源的有效利用

在能源资源中，煤炭、石油、天然气等非可再生能源，在许多工业、农业部门和人民生活中既能做原料，又能做燃料，资源相当紧缺。因此，如何优化资源配置，提高能源的有效利用率，对人类的生存繁衍、对国家的经济发展都具有十分重要的意义。人类的生产和生活始终面临着一个无法避免的和不可改变的事实，即资源稀缺。人类需要的无限性和物质资料的有限性，将伴随人类社会发展的始终。

电能是由一次能源转换的二次能源。电能既适宜于大量生产、集中管理、自动化控制和远距离输送，又使用方便、洁净、经济。用电能替代其他能源，可以提高能源的利用效率。随着国民经济的发展，最终消费中的一次能源直接消费的比重日益减少，二次能源的消费比重越来越大，电能在一次能源消费中所占比重逐年增加。目前，我国电力的供给仍不能满足国家经济的发展、科技的进步和人民生产、生活水平的提高对用电日益增长的需求。

我国的现代化建设，面临着能源供应的大挑战。为了缓解目前能源供应的紧张局面，我们要在全社会倡导节约，建设节约型社会。节约用电，不仅是节约一次能源，而且是解决当前突出的电力供需矛盾所必需的。节电是要以一定的电能取得最大的经济效益，即合理使用电能，提高电能利用率。即使电力丰富不缺电，也应合理有效地使用，不容随意挥霍。根据同情我国制定了开源节流的能源政策，坚持能源开发与节约并重，并在当前把节能、节电放在首位。在开源方面要大力开发煤炭、石油、天然气，并加快电力建设的步伐，特别是开发水电。能源工业的开发要以电能为中心，积极发展火电，大力开发水电，有重点、有步骤地建设核电，并积极发展新能源发电。在节能方面，则是大力开展节煤、节油、节电等节能工作。节电的出路在于坚持科学管理，依靠技术进步，走合理用电、节约用电、提高电能利用率的道路，大幅度地降低单位产品电耗，以最少的电能创造最大的财富。

二、新能源之水力发电

1. 简介

水能是蕴藏于河川和海洋水体中的势能和动能，是洁净的一次能源，是用之不竭的可再生能源。我国水力资源丰富，根据最新的勘测资料，我国水能资源理论蕴藏量达 689 亿 kW，其中技术可开发装机容量 493 亿 kW，经济可开发装机容量 395 亿 kW，居世界首位。截至 2012 年年底，全国总装机容量为 114 亿 kW，其中水电装机容量突破 249 亿 kW，占全国总装机容量的 21.7%。

水电站是将水能转变成电能的工厂，其能量转换的基本过程是：水能—机械能—电能。

在河川的上游筑坝集中河水流量和分散的河段落差，使水库中的水具有较高的势能，当水由压力水管流过安装在水电站厂房内的水轮机排至下游时，带动水轮机旋转，水能转换成水轮机旋转的机械能；水轮机转轴带动发电机的转子旋转，将机械能转换成电能。这就是水力发电的基本过程。

水的流量和水头（上下游水位差，也叫"落差"）是构成水能的两大因素。按利用能源的方式，水电站可分为：将河川中水能转换成电能的常规水电站，也是通常所说的水电站（按集中落差的方法它又有三种基本形式，即坝式、引水式和混合式）；调节电力系统峰谷负荷的抽水蓄能式水电站；利用海洋能中的水流的机械能进行发电的水电站，即潮汐电站、波浪能电站、海流能电站。

2. 水力发电的特点

（1）水能是可再生能源，并且发过电的天然水流本身并没有损耗，一般也不会造成水体污染，仍可为下游用水部门利用。

（2）水力发电是清洁的电力生产，不排放有害气体、烟尘和灰渣，没有核废料。

（3）水力发电的效率高，常规水电站的发电效率在80%以上。

（4）水力发电可同时完成一次能源开发和二次能源转换。

（5）水力发电的生产成本低廉，无须燃料，所需运行人员较少、劳动生产率较高，管理和运行简便，运行可靠性较高。

（6）水力发电机组启停灵活，输出功率增减快，可变幅度大，是电力系统理想的调峰、调频和事故备用电源。

（7）水力发电开发一次性投资大、工期长。比如，三峡工程，1994年12月开工，2003年7月第一台机组并网发电。

（8）受河川天然径流丰枯变化的影响，无水库调节或水库调节能力较差的水电站，其可发电力在年内和年际间变化较大，与用户用电需要不相适应。因此，一般水电站需建设水库调节径流，以适应电力系统负荷的需要。现在电力系统一般采用水、火、核电站联合供电方式，既可弥补水力发电天然径流丰枯不均的缺点，又能充分利用丰水期水电电量，节省火电站消耗的燃料。潮汐能和波浪能也随时间变化，所发电能也应与其他类型能源所发电能配合供电。

（9）水电站的水库可以综合利用，承担防洪、灌溉、航运、城乡生活和工矿生产用水、养殖、旅游等任务。如安排得当，可以做到一库多用、一水多用，以获得最优的综合经济效益和社会效益。

（10）建有较大水库的水电站，有的水库淹没损失较大，移民较多，并改变了人们的生产、生活条件；水库淹没影响野生动植物的生存环境；水库调节径流，改变了原有水文情况，对生态环境有一定影响。

（11）水能资源在地理上分布不均，建坝条件较好和水库淹没损失较少的大型水电站站址往往位于远离用电负荷中心的偏僻地区，施工条件较困难并需要建设较长的输电线路，增加了造价和输电损失。

我国河川水力资源居世界首位，不过装机容量仅占可开发资源的 25% 左右，作为清洁的可再生能源，水能的开发利用对改变我国目前以煤炭为主的能源构成具有现实意义。但是，我国的河川水能资源的 70% 左右集中在西南地区，经济发达的东部沿海地区的水能资源极少，并且大规模的水电建设给生态环境造成的灾难性影响越来越受到人类的重视；而我国西南地区有着极其丰富的生物资源、壮观的自然景观资源和悠久的民族文化资源，相信在不久的将来，大规模的水电开发会慎重决策。

三、新能源发电之太阳能发电

太阳能发电根据利用太阳能的方式主要有通过热过程的太阳能热发电（塔式发电、抛物面聚光发电、太阳能烟囱发电、热离子发电、热光伏发电及温差发电等）和不通过热过程的光伏发电、光感应发电、光化学发电及光生物发电等。目前主要应用的是直接利用太阳能的光伏发电 (Photo Voltaic，PV) 和间接利用太阳能的太阳能热发电 (Concentrating Solar Power，CSP) 两种方式。其中直接利用光能进行发电的光伏发电由光伏电池、平衡系统组成；间接利用光能是将太阳能转换成热能，由储热进行发电的太阳能热发电，CSP 根据收集太阳能设备的布置方式可分为槽式 (Linear CSP)、塔式 (Power Tower CSP) 和盘式 (Dish/Engine CSP) 三种类型。

1. 光伏发电

光伏发电站是将太阳辐射能通过光伏电池组件直接转换成直流电能，并通过功率变换装置与电网连接在一起，向电网输送有功功率和无功功率的发电系统，一般包括光伏阵列（将若干个光伏电池组件根据负载容量大小要求，串、并联组成的较大供电装置）、控制器、逆变器、储能控制器、储能装置等。

并网型光伏发电系统是指将光伏电池输出的直流电力，经过并网光伏逆变器将直流电能转化为与电网同频率、同相位的正弦波交流电流，接入电网以实现并网发电功能。光伏发电的发电原理由组成光伏方阵的光伏电池决定。光伏电池工作原理是利用光伏电池的光生伏特效应（又称"光伏效应"）进行的能量转换，其中光伏效应是利用半导体 p-n 结的光生伏特效应，当光照射到半导体上时，太阳光的光子将能量提供给电子，电子跳跃到更高的能带，激发出电子空穴对，电子和空穴分别向电池的两端移动，此时光生电场除了抵消势垒电场外，还使 p 区带正电，n 区带负电，在 n 区和 p 区间形成电动势，即光照使不均匀半导体或半导体与金属结合的不同部位之间产生了电位差。这样，如果外部构成通路，就会产生电流，形成电能。

光伏电池根据其使用的材料可分为：硅系光伏电池、化合物系光伏电池、有机半导体系光伏电池。硅系光伏电池可分为结晶硅系和非晶硅系光伏电池。其中，结晶硅系光伏电池又可分为单晶硅和多晶硅光伏电池。

目前比较成熟且广泛应用的是晶硅类电池。晶硅材料光伏电池的优点是原材料非常丰富，可靠性较高，特性比较稳定，一般可使用 20 年以上。在能量转换效率和使用寿命等综合性能方面，晶硅光伏电池的单晶硅光伏电池在硅材料光伏电池中转换效率最高，转换效率的理论值为 24% ~ 26%，多晶硅的转换效率略低，转换效率的理论值为 20%，但价格更便宜；同时单晶硅和多晶硅电池又优于非晶硅电池。目前大规模工业化生产条件下，单晶硅电池的转换效率为 16% ~ 18%，多晶硅电池的转换效率为 12% ~ 14%。采用多薄层、多 p-n 结的结构形式的薄膜电池可实现 40% ~ 50% 的光电转换效率。其基本原理是在非硅材料衬底上铺上很薄的一层光电材料，大大减少了光电材料的硅半导体消耗，降低了光伏电池的成本。硅薄膜光伏电池由于原材料储量丰富，且无毒、无污染，因此更具持续发展的前景。

2. 太阳能热发电

太阳能热发电，也叫"聚焦型太阳能热发电"，与传统发电站不一样的是，它们是通过大量反射镜以聚焦的方式将太阳能光直射聚集起来，加热工质，产生高温高压的蒸汽，将热能转化成高温蒸汽驱动汽轮机来发电。当前太阳能热发电按照太阳能采集方式可划分为：槽式太阳能热发电、塔式太阳能热发电和碟式太阳能热发电。

四、新能源发电之地热发电

地热发电是把地下热能转换成机械能，然后再把机械能转换为电能的生产过程。根据地热能的储存形式，地热能可分为蒸汽型、热水型、干热岩型、地压型和岩浆型五大类。从地热能的开发和能量转换的角度来说，上述五类地热资源都可以用来发电，但目前开发利用得较多的是蒸汽型及热水型两类资源。

地热发电的优点是：一般不需燃料，发电成本在多数情况下比水电、火电、核电都要低，设备的利用时间长，建厂投资一般都低于水电站，且不受降雨及季节变化的影响，发电稳定，可以极大地减少环境污染。

目前利用地下热水发电主要有降压扩容法和中间介质法两种，具体如下。

（1）降压扩容法。降压扩容法是根据热水的汽化温度与压力有关的原理而设计的，如在 0.3 绝对大气压下水的汽化温度是 68.7℃。通过降低压力而使热水沸腾变成蒸汽，以推动汽轮发电机转动而发电。

（2）中间介质法。中间介质法是采用双循环系统，即利用地下热水间接加热某些"低沸点物质"来推动汽轮机做功的发电方式。如在常压下水沸点温度为 100℃，而有些物质如氯乙烷和氟利昂在常压下的沸点温度分别为 12.4℃及 - 29.8℃，这些物质被称为"低沸点物质"。根据这些物质在低温下沸腾的特性，可将它们作为中间介质进行地下热水发电。

利用"中间介质"发电方既可以用 100℃ 以上的地下热水（汽），也可以用 100℃ 以下的地下热水。对于温度较低的地下热水来说，采用"降压扩容法"效率较低，而且在技术上存在一定困难；而利用"中间介质法"则较为合适。

五、新能源发电之海洋能发电

海洋能主要包括潮汐能、波浪能、海流能、海水温差能和海水盐差能等。潮汐能是指海水涨潮和落潮形成的水的动能和势能；波浪能是指海洋表面波浪所具有的动能和势能；海流能（潮流能）是指海水流动的动能，主要指海底水道和海峡中较为稳定的水流，以及由于潮汐导致的有规律的海水水流；海水温差能是指海洋表面海水和深层海水之间的温差所产生的热能；海水盐差能是指海水和淡水之间或者两种含盐浓度不同的海水之间的电位差。

海洋能发电具有以下几大特点：

（1）能量蕴藏大且可以再生。地球上海水温差能的理论蕴藏量约 500 亿 kW，可开发利用的约 20 亿 kW；波浪能的蕴藏量约 700 亿 kW，可开发利用的约 30 亿 kW；潮汐能的理论蕴藏量约 30 亿 kW；海流能（潮流能）的总功率约 50 亿 kW，其中可开发利用的约 0.5 亿 kW；海水温差能蕴藏量约 300 亿 kW，可开发利用的在 26 亿 kW 以上。

（2）能量密度低。海水温差能是低热头的，较大温差为 20℃ ~ 25℃；潮汐能是低水头的，较大潮差为 7 ~ 10m；海流能和潮流能是低速度的，最大流速一般 2m/s 左右；波浪能，即使是浪高 3m 的海面，其能量密度也比常规煤电的低 1 个数量级。

（3）稳定性比其他自然能源好。海水温差能和海流能比较稳定，潮汐能与潮流能的变化有规律可循。

（4）开发难度大，对材料和设备的技术要求高。

六、新能源发电之生物质能发电

生物质能资源是可用于转化为能源的有机资源，主要包括薪柴、农作物秸秆、人畜粪便、食品制造工业废料和废水及有机垃圾等。利用生物质能发电的最有效的途径是将其转化为可驱动发电机的能量形式，如燃气、燃油及酒精等，然后再按照通用的发电技术发电。

生物质能发电技术的主要特点如下：

（1）要有配套的生物质能转换技术，且转换设备必须安全可靠，维修保养方便。

（2）利用当地生物质能资源发电的原料必须具有足够数量的储存，以保证持续供应。

（3）所用发电设备的装机容量一般较小，且多为独立运行方式。

（4）利用当地生物质能资源发电，就地供电，适用于居住分散、人口稀少、用电负荷较小的农牧业区及山区。

七、新能源发电接入电网需要解决的关键技术

风能、太阳能等新能源发电具有的间歇性、波动性等特点，使得其大规模接入电网后需要进行协调配合，要求电网不断提高适应性和安全稳定控制能力，降低风能、太阳能并网带来的安全稳定风险，并最终保证电网的安全稳定运行。据统计，2009 年国家电网公司系统风电装机容量达到 1700 万 kW，其中三北电网的风电装机容量为 1517 万 kW，同比增长率 93.6%；风电装机容量占到了公司系统总装机容量的 2.70%。由于缺乏统一规划，匆忙上马，导致在风电基地外送方面遇到了较多问题，在并网技术方面急需开展大量深入的试验研究工作，主要包括以下几点：

1. 建立完善的风电和光伏发电并网技术标准体系

由于我国风电和光伏发电起步较晚，在风电和光伏发电运行控制技术方面，还存在较大差距，因此需要借鉴国际先进经验。一方面是要对风电机组 / 风电场和光伏发电的调控性能提出明确的技术要求；另一方面要加快制定国家层面的并网技术导则，促进设备制造技术和运行性能的提高。

2. 建立风电和光伏发电预测系统和入网认证体系

目前，我国的风电和光伏发电实验室和认证体系建设还处于起步阶段，需要开展大量的基础性工作，包括风电和光伏发电预测理论和方法的深入研究，完善开发预测系统，并研究该系统的应用原则和方法；测试技术研究、测试标准制订和测试设备研制等等，同时要加快风电和光伏发电研究检测中心和试验基地的建设，并在此基础上尽快建立入网认证体系。

3. 加强风电场和光伏电站接入电网的系统技术研究

（1）新能源发电仿真技术。①进一步完善开发包括各类风电机组 / 风电场和光伏发电仿真模型的电力系统计算分析软件；②实现各种类型新能源发电过程的仿真建模；③仿真功能从离线向在线、实时模拟功能跨越。

（2）新能源发电的分析技术。①对大规模风电、光伏发电和其他常规电源打捆远距离输送方案、风光储一体化运行和系统调峰电源建设等问题进行技术经济分析；②对大规模风电场和光伏电站集中接入电网后的调控性能、系统有功备用、无功备用、频率控制、电压控制、系统安全稳定性等问题进行全面研究，以保证系统的安全稳定性；③突破新能源发电分布式接入运行特性的在线实时、递归、智能分析技术。

（3）新能源发电接入电网的储能技术。①对多种储能技术开展深入研究和比较分析：抽水蓄能、化学电池储能、压缩空气储能等。提高能量转换效率和降低成本是今后储能技术研究的重要方向。②目前正在建设的国家电网公司张北风光储联合示范项目，是国内在大规模储能用于新能源接入电网的试验工程。

（4）新能源发电调度支撑技术。①实现并完善适合大规模集中接入的风电、光伏发电功率预测系统，以及分布式风电、光伏发电功率预测系统；②建立适应间歇式电源大规模集中接入的智能调度体系，掌握各种能源电力的优化调度技术；③建立适应分布式新能源电力的优化调度体系，实现含多能源的配电网能量优化管理系统，掌握微网经济运行理论与技术。

（5）新能源发电接入的运行控制技术。①掌握应对大规模间歇式电源送电功率大幅频繁波动下的大系统调频调峰广域自协调技术，大系统备用容量优化配置和辅助决策技术；②掌握大规模间歇式电源接入大电网的有功控制策略和无功电压控制技术；③掌握储能系统以及控制装置的优化控制技术；④掌握适应于新能源发电分布式接入的安全控制技术，包括通过调控将并网发电模式转变为独立发电模式的反"孤岛"技术。

（6）新能源发电的电能质量评估与控制技术。①研究新能源发电接入的电能质量评价体系和指标，提出相应的控制要求；②研究新能源发电接入对电网电能质量影响的分析方法及检测方法和治理技术；③掌握利用多种新型元器件，综合治理新能源发电接入的电能质量污染的关键技术。

（7）大规模新能源的电力输送技术。①掌握大规模新能源电力输送采用超/特高压交流、常规直流和柔性直流(VSC)的技术/经济比较分析技术；②掌握柔性直流(VSC)输电装备自主化研发、生产、工程集成与运行控制技术，提出适于大规模间歇电源的直流送出方案及控制策略；③提出大型海上风力发电接入方式及控制策略。

第三章　电力系统

第一节　电力系统概述

一、电力系统简介

电力系统是由发电厂、送变电线路、供配电所和用电等环节组成的电能生产与消费系统。它的功能是将自然界的一次能源通过发电动力装置转化成电能，再经输电、变电和配电将电能供应到各用户。为实现这一功能，电力系统在各个环节和不同层次还具有相应的信息与控制系统，对电能的生产过程进行测量、调节、控制、保护、通信和调度，以保证用户获得安全、优质的电能。

电力系统的主体结构有电源（水电站、火电厂、核电站等发电厂），变电所（升压变电所、负荷中心变电所等），输电、配电线路和负荷中心。各电源点还互相连接以实现不同地区之间的电能交换和调节，从而提高供电的安全性和经济性。输电线路与变电所构成的网络通常称电力网络。电力系统的信息与控制系统由各种检测设备、通信设备、安全保护装置、自动控制装置以及监控自动化、调度自动化系统组成。电力系统的结构应保证在先进的技术装备和高经济效益的基础上，实现电能生产与消费的合理协调。

建立结构合理的大型电力系统不仅便于电能生产与消费的集中管理、统一调度和分配，减少总装机容量，节省动力设施投资，且有利于地区能源资源的合理开发利用，最大限度地满足地区国民经济日益增长的用电需要。电力系统建设往往是国家及地区国民经济发展规划的重要组成部分。

电力系统的出现，使高效、无污染、使用方便、易于控制的电能得到了广泛应用，推动了社会生产各个领域的变化，开创了电力时代，发生了第二次技术革命。电力系统的规模和技术高低已成为一个国家经济发展水平的标志之一。

二、电力系统发展简况

在电能应用的初期，电力通常是经过小容量发电机单独向灯塔、轮船、车间等供电，这已经看作一种简单的住户式供电系统。直到白炽灯发明后，才出现了中心电站式供电系统，如 1882 年 T.A. 托马斯·阿尔瓦·爱迪生在纽约主持建造的珍珠街电站。它装有 6 台发电机（总容量约 670 千瓦），用 110 伏电压供 1300 盏电灯照明。19 世纪 90 年代，三相交流供电系统研制成功，并很快取代了直流输电，成为电力系统发展的里程碑。

20 世纪以后，人们普遍认识到扩大电力系统的规模可以在能源开发、工业布局、负荷调整、系统安全与经济运行等方面带来明显的社会经济效益。于是，电力系统的规模迅速增长。世界上覆盖面积最大的电力系统是苏联的统一电力系统，它东西横越 7000 千米，南北纵贯 3000 千米，覆盖了约 1000 万平方千米的土地。

中华人民共和国的电力系统从 20 世纪 50 年代开始迅速发展。到 1991 年年底，电力系统装机容量为 14600 万千瓦，年发电量为 6750 亿千瓦时，均居世界第四位。输电线路以 220 千伏、330 千伏和 500 千伏为网络骨干，形成 4 个装机容量超过 1500 万千瓦的大区电力系统和 9 个超过百万千瓦的省电力系统，大区之间的联网工作也已开始。此外，1989 年，我国台湾地区建立了装机容量为 1659 万千瓦的电力系统。

三、电力系统的构成

电力系统的主体结构有电源、电力网络和负荷中心。电源指各类发电厂、站，它将一次能源转换成电能；电力网络由电源的升压变电所、输电线路、负荷中心变电所、配电线路等构成。它的功能是将电源发出的电能升压到一定等级后输送到负荷中心变电所，再降压至一定等级后，经配电线路与用户连接。电力系统中网络结点千百个交织密布，有功潮流、无功潮流、高次谐波、负序电流等以光速在系统范围内传播。它既能输送大量电能，创造巨大财富，也能在瞬间造成重大的灾难性事故。为保证系统安全、稳定、经济地运行，必须在不同层次上依不同要求配置各类自动控制装置与通信系统，组成信息与控制子系统。它成为实现电力系统信息传递的神经网络，使电力系统具有可观测性与可控性，从而保证电能生产与消费过程的正常进行以及事故状态下的紧急处理。

系统的运行是指组成系统的所有环节都处于执行其功能的状态。系统运行中，由于电力负荷的随机变化以及外界的各种干扰（如雷击等）会影响电力系统的稳定，导致系统电压与频率的波动，从而影响系统电能的质量，严重时会造成电压崩溃或频率崩溃。系统运行分为正常运行状态与异常运行状态。其中，正常状态又分为安全状态和警戒状态，异常状态又分为紧急状态和恢复状态。电力系统运行包括所有这些状态及其相互间的转移。各种运行状态之间的转移需通过不同控制手段来实现。

电力系统在保证电能质量、实现安全可靠供电的前提下，还应实现经济运行，即努力调整负荷曲线，提高设备利用率，合理利用各种动力资源，降低燃料消耗、厂用电和电力网络的损耗，以取得最佳经济效益。

根据电力系统中装机容量与用电负荷的大小，以及电源点与负荷中心的相对位置，电力系统常采用不同电压等级输电（如高压输电或超高压输电），以求得最佳的技术经济效益。根据电流的特征，电力系统的输电方式还可分为交流输电和直流输电。交流输电应用最广。直流输电是将交流发电机发出的电能经过整流后采用直流电传输。

由于自然资源分布与经济发展水平等条件限制，电源点与负荷中心多处于不同地区。由于电能目前还无法大量储存，输电过程本质上又以光速进行，电能生产必须时刻保持与消费平衡。因此，电能的集中开发与分散使用，以及电能的连续供应与负荷的随机变化，就成为制约电力系统结构和运行的根本特点。

四、电力网

电力网是指由变电所和不同电压等级的输电线路组成的输电网络，其作用是输送、控制和分配电能。

1. 结构

一个大的电力网（联合电力网）总是由许多子电力网发展、互联而成，因此分层结构是电力网的一大特点。一般电力网可划分为输电网、二级输电网、高压配电网和低压配电网。

输电网一般是由电压为 220kV 以上的主干电力线路组成的，它连接大型发电厂、大容量用户以及相邻子电力网。二级输电网的电压一般为 110 ~ 220kV，它上接输电网，下连高压配电网，是一区域性的网络，连接区域性的发电厂和大用户。配电网是指向中等用户和小用户供电的网络，10 ~ 35kV 的称高压配电网，1kV 以下的称低压配电网。

2. 结线方式

电力网的结线方式大致可分为无备用和有备用两类。

无备用结线包括单回路放射式、干线式和链式网络。有备用结线包括双回路放射式、干线式、链式以及环式和两端供电网络。无备用结线简单、经济、运行方便，但供电可靠性差。架空线路的自动重合闸装置一定程度上能弥补上述缺点。

相反，有备用结线供电可靠性高，一条线路的故障或检修一般不会影响对用户的供电，但其投资大，且操作较复杂。其中，环式供电和两端供电方式较为常用。

3. 类型

（1）按供电范围、输送功率和电压等级的不同，电力网可分为地方网、区域网和远距离网三类。

电压为 110kV 及 110kV 以下的电力网，其电压较低，输送功率小，线路距离短，主要供电给地方变电所，称为地方网；

电压在 110kV 以上、330kV 以下的电力网，其传输距离和传输功率都比较大，一般供电给大型区域性变电所，称为区域网；

供电距离在 300km 以上，电压在 330kV 及 330kV 以上的电力网，称为远距离网。

如果仅从电压的高低来划分，则电力网可分为低压电网（1kV 以下）、中压电网（1 ~ 20kV）、高压电网（35~220kV）、超高压电网（330kV 及以上），以及新近发展的特高压（交流 1000kV、直流 ±800kV）电网。另外，电网按种类特征的不同，可分为直流电网和交流电网；我国电网按地区划分，可分为东北电网、华北电网、西北电网、华东电网和华中电网五大跨地区电网以及南方电网。

（2）按电压等级来分类

按电压等级来分有低压网、高压网、超高压网，通常 1kV 以下的电网称低压网；1～330kV 称高压网；500kV 及以上的电网称为超高压网。按照电力网规划规程的规定，通常将 110kV 以上的线路称为送电线路，而 110kV 以下，包括 110kV 的线路称为配电线路；110kV、63kV 的电网称为高压配电线路，而 20kV、10kV 的线路称为中压配电线路，400V 的线路称为低压配电线路。

（3）按电网结构来分类

① 开式电网：凡是用户只能从单方向得到电能的电网，称为开式电网。

② 闭式电网：凡是用户可从两个以上的方向得到电能的电网，称为闭式电网。

4. 电压等级

电力网的电压等级可分五级，具体如下：

（1）低压：1kV 以下；

（2）中压：1～10kV；

（3）高压：10～330kV；

（4）超高压：330～1000kV；

（5）特高压：1000kV 以上。

我国常用的远距离输电采用的电压有 110kV、220kV、330kV，输电干线一般采用500kV 的超高压，西北电网新建的输电干线采用 750kV 的超高压。电压越高，输送距离越远。

5. 设计内容

（1）确定电力网的负荷

从有关部门调查、了解、收集的负荷资料，一般不能直接供设计应用。例如，它的建筑面积、生产车间的设备容量，工业企业产品的年产量，地区各类企业及其他用户的比重等。只有经过分析、整理，才能从这些间接的负荷资料中，确定出供电力网设计用的负荷数据、变电所的计算负荷与变压器台数及容量等。

（2）选择电力网的额定电压

确定电力网的供电范围与电压等级，对于要求供电的电能用户采用哪一级电压供电较为适合，是电力网设计的重要课题之一。

（3）选择电力线路的导线截面积

根据技术经济比较，确定电力网导线型号及其导线截面积。

（4）确定电力网接线方案

根据电能用户的重要程度和对供电可靠性要求，提出合理的供电方案，确定出变电所及电力网的主接线方式。电力网设计中的各项任务，是互相联系的，只有综合考虑以上所提的各方面因素，才能得到合理的设计方案。

满足用户用电的要求，可以采用各种各样的供电方案。设计是根据用户的具体要求，以及根据以往设计及运行经验提出几种较为可行的方案，进行比较之后选择其中更为合理的方案。

五、电力系统未来的发展方向

有人以为电力市场改革会对电气人的未来收入造成巨大冲击，但从现实看，稍微能干的电力人在纯市场环境下可选择的空间变大，收入都会有较为明显的提升。

电力系统的整体运行和规划正受到各种科学技术发展的冲击，面临着各种各样的问题。不同于IT、计算机等新兴产业，电力产业的技术一直在革新。电力产业规模的增长速度往往同经济增长水平成正比，因受制于极大的投资成本，不可能长期超速发展，电力产业的发展更不会停滞。电力行业内从业者也并不悲观，普遍认为，在新的能源革命中，电力行业的发展成就能源革命的未来。

发电、输电、配电、用户、设备制造各个环节都大有可为。用户侧能源的精细化管理才刚刚开始，分布式能源（风电、太阳能）也才刚刚起步，特高压以及直流输电也才进入试验阶段，怎么也不能算是夕阳产业吧。未来任何行业的发展肯定都是互相协同的，电力的发展一定伴随着电子工业的进步、通信技术的发展、智能电器的普及、新材料的出现、施工技术的革新等。反之，IT业的未来也不可能是空中楼阁，一定是靠盘活线下的各种资源发挥自身的价值，改造传统行业的经营模式，实现共赢。

电力行业以能源为主体向以服务为主体转变，电网企业充分重视配网侧和用户侧。新增竞争性售电放开，有条件逐步放开存量市场的竞争性售电。也就是说，够实力的公司，可以在较高利润的工商业用电与供电公司中分一杯羹。中国售电量庞大，很多公司进入这块市场后，鲶鱼效应很有机会激活并革命电力公司。

新能源的利用远没有大家看到的数字那么光鲜。风电、光伏的装机在不断增长，我们也一跃成为新能源装机第一大国，可是间歇式电源的随机性、波动性、不确定性和难预测性使得其利用困难，给电力系统的规划和运行带来挑战，弃风现象普遍存在。

智能电网的概念有很美好的前景，从长远来看它要成为现实，将推动电气工程学科去跟更多的信息学科联姻。智能电网就是一个筐，什么好东西都能往里面装，并没有一个统一的概念，各国各取所需地定义它。

因此，中国在行业利润重新分配的过程中，很多新的商业模式、市场主体会诞生，变革势头之下，电力体现出朝阳产业的生命力。节能服务、电动汽车、用电咨询、需求侧管理等，新生出很多产业业态，都有很大的市场，电力大数据、"互联网+"进入电力领域，同样带来产业革命，带来很大的产业发展机会。

第二节 电力系统运行特性与分析

一、电力系统运行概念

电力系统运行是指系统的所有组成环节都处于执行其功能的状态。电力系统的基本要求是保证安全可靠地向用户供应质量合格、价格便宜的电能。所谓质量合格，就是指电压、频率、正弦波形这三个主要参量都必须处于规定的范围内。电力系统的规划、设计和工程实施虽为实现上述要求提供了必要的物质条件，但最终的实现则决定于电力系统的运行。实践表明，具有良好物质条件的电力系统也会因运行失误造成严重的后果。例如，1977年7月13日，美国纽约市的电力系统遭受雷击，由于保护装置未能正确动作、调度中心掌握实时信息不足等原因，致使事故扩大，造成系统瓦解，全市停电。事故发生及处理前后延续25小时，影响到900万居民供电。据美国能源部最保守的估计，这一事故造成的直接和间接损失达3.5亿美元。20世纪60—70年代，世界范围内多次发生大规模停电事故，促使人们更加关注提高电力系统的运行质量，完善调度自动化水平。

二、电力系统运行的特点和基本要求

1.电力系统运行的特点

（1）电能的生产和使用同时完成。

（2）正常输电过程和故障过程都非常迅速。

（3）具有较强的地区性特点。

（4）与国民经济各部门关系密切。

2.对电力系统运行的基本要求

对电力系统运行的基本要求可以简单地概括为：安全、可靠、优质、经济。

（1）保证供电的安全可靠性

保证供电的安全可靠性是对电力系统运行的基本要求。为此，电力系统的各个部门应加强现代化管理，提高设备的运行和维护质量。应当指出，目前要绝对防止事故的发生是不可能的，而各种用户对供电可靠性的要求也不一样。因此，应根据电力用户的重要性不同，区别对待，以便在事故情况下把给国民经济造成的损失降到最小。通常可将电力用户分为三类：

① 一类用户。一类用户是指由于中断供电会造成人身伤亡或在政治、经济上给国家造成重大损失的用户。一类用户要求有很高的供电可靠性。对一类用户通常应设置两路以上相互独立的电源供电，其中每一路电源的容量均应保证在此电源单独供电的情况下就能满足用户的用电要求。确保当任一路电源发生故障或检修时，都不会中断对用户的供电。

② 二类用户。二类用户是指由于中断供电会在政治、经济上造成较大损失的用户。对二类用户应设专用供电线路，条件许可时也可采用双回路供电，并在电力供应出现不足时优先保证其电力供应。

③ 三类用户。三类用户一般指短时停电不会造成严重后果的用户，如小城镇、小加工厂及农村用电等。当系统发生事故，出现供电不足的情况时，应当首先切除三类用户的用电负荷，以保证一、二类用户的用电。

（2）保证电能的良好质量

频率、电压和波形是电能质量的三个基本指标。当系统的频率、电压和波形不符合电气设备的额定值要求时，往往会影响设备的正常工作，危及设备和人身安全，影响用户的产品质量等。因此要求系统所提供电能的频率、电压及波形必须符合其额定值的规定。其中，波形质量用波形总畸变率来表示，正弦波的畸变率是指各次谐波有效值平方和的方根值占基波有效值的百分比。

我国规定电力系统的额定频率为 50Hz，大容量系统允许频率偏差 ±0.2Hz，中小容量系统允许频率偏差 ±0.5Hz。35kV 及以上的线路额定电压允许偏差 ±5%；10kV 线路额定电压允许偏差 ±7%，电压波形总畸变率不大于 4%；380V／220V 线路额定电压允许偏差 ±7%，电压波形总畸变率不大于 5%。

（3）保证电力系统运行的稳定性

当电力系统的稳定性较差，或对事故处理不当时，局部事故的干扰有可能导致整个系统的全面瓦解（大部分发电机和系统解列），而且需要长时间才能恢复，严重时会造成大面积、长时间停电。因此稳定问题是影响大型电力系统运行可靠性的一个重要因素。

（4）保证运行人员和电气设备工作的安全

保证运行人员和电气设备工作的安全是电力系统运行的基本原则。这一方面要求在设计时，合理选择设备，使之在一定过电压和短路电流的作用下不致损坏；另一方面还应按规程要求及时地安排对电气设备进行预防性试验，及早发现隐患，及时进行维修。在运行和操作中要严格遵守有关的规章制度。

（5）保证电力系统运行的经济性

电能成本的降低不仅会使各用电部门的成本降低，更重要的是节省了能量资源，因此会带来巨大的经济效益和长远的社会效益。为了实现电力系统的经济运行，除了进行合理的规划设计外，还须对整个系统实施最佳经济调度，实现火电厂、水电厂及核电厂负荷的合理分配，同时还要提高整个系统的管理技术水平。

三、电力系统运行分析

1.电力系统运行状态划分

根据相关文献中的初步划分，对电力系统的运行状态进行如下划分：正常运行状态、警戒状态、紧急状态、系统崩溃和恢复状态。随着电力系统的不断发展，在对其安全性和经济性进行充分考虑的基础上，又将电力系统运行状态进行了细分，划分为以下八种：安全正常状态、预警正常状态、静态紧急状态、动态紧急状态、静态极端紧急状态、动态极端紧急状态、崩溃或危机状态、恢复状态。

2.电力系统常见的几种运行状态分析

当前，在上述几种状态分析的基础上，从社会和经济发展的实际情况出发，并且结合电力系统的运行以及电力调度部门对信息的采集，现将现代电力系统常见运行状态分析如下：

（1）安全正常状态

安全正常状态是指处在安全状态下的电力系统，其频率和各母线电压都处在正常的范围内，各个电源盒输变电设备都在正常的参数下运行。电力系统是一个整体，由发电机、变压器和用电设备组成，具有发电、输电、用电同时完成的特点。因为用户用电的负荷是随时随机变化的，因此，为了保证供电的稳定和供电质量，发电机发出的有功率和无功率也必须随着用电负荷随时随机的变化而变化，而且变化量应该相等。同时，为了满足电力系统发出的无功率和有功率、线路上的功率都在安全运行的范围之内，保证电力系统的安全运行状态，电力系统的所有电气设备必须处于正常的状态，并且要能够满足各种情况的需要，保证电力系统的所有发电机都能够在同一个频率同时运行。为了保证电力系统在受到正常的干扰之下不会产生设备的过载，或者电压的偏差不超出正常的范围，电力系统必须有一个有效的调节手段，使电力系统从某种正常状态过渡到另一种正常的状态。在正常状态运行下的电力系统是安全可靠的，可以实施经济运行的调度。

（2）预警状态

电力系统出现警戒状态时，一般出现的情况有：负荷增加过多、发电机组因为突然出现的故障导致不能正常地运行或者出现停机的现象；或者因为电力系统中的变压器、发电机等运行环境发生变化，造成了设备容量的减少，从而导致干扰的程度超出了电力系统的安全水平。但是这时的系统仍然能够正常地运行。在这种状态下，电力调度部门就应当适当地采取一定的预防措施，如调整负荷、改变运行状态等措施，使系统恢复到正常的运行状态。

（3）紧急状态

电力系统的紧急状态可由警戒状态或者正常状态突然演变过来，造成电力系统紧急状态的一些重大故障有：第一，突然跳开大容量发电机，从而引起电力系统有功功率和无功功率的严重不平衡。第二，发电机不能保持同步运行，或者在电力系统出现紧急状态时没有进行及时解决和处理。第三，电力系统在出现紧急状态时，如果没有采取及时的控制措施，则将会导致电力系统失稳，电力系统的不稳定就是各发电机组不在同一个频率同时运行；电力系统不稳定将会对电力系统的安全造成严重的威胁，有可能导致电力系统的崩溃，造成大面积的停电。第四，变压器或者发电机、线路等发生了短路的现象，短路有瞬时短路和永久性短路之分。对电力系统造成最严重后果的就是三相短路，特别是三相永久性的短路。在遭到雷击的时候，有可能在电力系统中发生短路，形成多重故障。

在紧急状态运行下的电力系统是危险的，在这种状态下，系统的某些参数发生了变化，或者出现了负荷丢失的现象。这时电力调度部门应当及时采取有效的措施进行控制。应该及时通过继电保护装置迅速切除故障，通过采取提高电力系统安全性和稳定性的措施，尽最大努力使系统恢复到正常的状态，至少应该恢复到警戒的状态，避免发生更大的事故，以及发生连锁事故反应。

（4）崩溃状态

电力系统进入紧急状态之后，如果不能及时消除故障或者采取有效的控制措施，在紧急状态下为了不使电力系统进一步扩大，调度人员进行调度控制，将一个并联的系统裂解成几个部分。此时，电力系统就进入了崩溃的状态。在通常情况下，裂解的几个子系统因为功率不足，必须大量卸载负荷，使电力系统进入崩溃状态是为了保证某些子系统能够正常地工作，正常地发电，避免整个系统处于瓦解的边缘。电力系统的瓦解是不可控制的解列造成大面积停电的事故。

（5）恢复状态

通过继电保护、调度人员的有效调度，阻止了事故的进一步扩大，在崩溃状态稳定下来之后，电力系统就可以进入恢复状态。这时调度人员可于并列之前解列机组，逐渐恢复用户的供电。之后，根据事态的发展，逐渐使电力系统恢复到正常的状态。

3. 评价电力系统运行状态的指标

通常情况下，对电力系统运行状态的评价依据，主要是根据电厂、机组以及关键线路等发生的故障对电力系统运行状态的影响；同时要考虑电压失稳、频率失稳、线路过载等遭受破坏的可能性以及这种破坏持续的时间；另外，对于系统切换负荷的位置和范围进行计算也是对电力系统运行状态进行评价的一个依据。一般将电力系统的安全指标分为两类：

第一类是通过给定运行状态下的各个参数指标大小以及其发生的变量对电力系统运行所产生的影响，这类指标也称为"状态指标"。其主要包括：电压幅值、灵敏度指标、频率幅值等。

第二类是正常状态和临界状态下，各种物理参数值发生的变化，其可以作为衡量电压的稳定性和安全性的指标，这类指标一般称为"裕度指标"。裕度指标主要有：电压偏差、频率偏差、临界负荷节点的有功负荷差等。总的来说，对于电力系统运行状态的分析，由于从不同的角度以及不同的层面其产生的分析方法和参照的指标都存在差异性，应当根据实际情况进行综合判断。

4. 提高系统稳定性和安全性的措施

线路输送功率能力与线路两端电压之积成正比，且与线路阻抗成反比。因此，为了减少线路电抗，提高系统的稳定性能，可以在线路上装设串联电容。这样可以在一定程度上减少线路阻抗，提高传输效率。另外，在长线路中间装设静止无功补偿装置，能够有效地保护线中间电压的水平，快速地调整系统无功功率，这是提高系统稳定性的重要手段。

5. 电网经济运行、降损的主要技术措施

（1）合理进行电网改造，降低电能损耗

由于各种原因电网送变电容量不足，会出现"卡脖子"、供电半径过长等问题。这些问题不但影响了供电的安全和质量，而且影响着线损。要充分利用在现有电网改造的基础上，提高电网供电容量和保证供电质量的前提下，运用优化定量技术降低城乡电网的线损。依靠科技进步和推广以计算机应用为主要内容的先进技术，提高电网安全经济供电的管理水平。在城乡电网建设和改造过程中要优化调整城乡电网结构，提高电网结构中的技术含量，为电网安全供电奠定良好的基础。

① 电力线损

按经济电流密度优化合理原则可以采用两线路并联运行或增加导线截面积（同时一定程度上增加了电网的成本）。线路负荷重、供电半径过长、线路迂回供电，是造成线路损耗增大的原因之一。对此，可采取在线路上增设一条导线，让两条线路并列运行的方式。

② 合理选用变压器容量

农网改造中一些农村用电负荷。其高峰负荷时间较短而轻负荷时间较长，所以应根据农村用电负荷的实际情况合理选择配电变压器的容量，配变最大负荷率在80%、平均负荷在50%左右运行最为经济可靠，避免"大马拉小车"或重过载的现象，以减少变压器的有功功率损耗。

③ 电网类型和结构

A. 调整不合理的网络结构

合理设计、改善电网的布局和结构，可避免或减少城农网线路的交错、重叠和迂回供电，减少供电半径太大的现象。简化电网电压等级，降低网络损耗。

B. 积极应用节能装备

农网配变多为生活、动力及农排混合供电，因而存在有峰谷负荷相差悬殊，低谷用时间内配变二次电压升高以及配变的实际电能转换效率低的问题，而如果安装使用了配变节能自动相数转换开关，就可以解决上述问题，从而有效地降低了变压器、线路的空载、轻载损耗。

C. 简化电网的电压等级，降低网络损耗

电压如能简化一级，就可减少一级设备，减少运行管理和检修工作，减少线损。高安市电网规划中，逐步淘汰 35kV 电网，其中城区已经消除了 35kV 电网。

D. 选用节能型变压器，淘汰高能耗变压器

S11、S13 系列变压器为目前我国 10kV 和 35kV 的电力变压器低损耗产品，对还在使用中的高能耗变压器应利用改造，合理规划，予以淘汰或更新改造。在电网改造设计中对新型变压器的容量选择，不仅应考虑变压器容量利用率，更应考虑变压器的运行效率，使变压器运行中的有功损耗和无功消耗降到最低。

（2）合理安排变压器的运行方式，保证变压器经济运行

变压器经济运行应在确保变压器安全运行和保证供电质量的基础上，充分利用现有设备，通过择优选取变压器最佳运行方式、负载调整的优化、变压器运行位置最佳组合以及改善变压器运行条件等技术措施，从而最大限度地降低变压器的电能损失和提高其电源侧的功率因数，所以变压器经济运行的实质就是变压器节电运行。变压器经济运行节电技术是把变压器经济运行的优化理论及定量化的计算方法与变压器各种实际运行工况密切结合的一项应用技术。该项节电技术不用投资，在某些情况下还能节约投资（节约电容器投资和减少变压器投资）。

① 合理计算变压器经济负载系数，使变压器处于最佳的经济运行区间。变压器并非在额定时最经济，当负荷的铜损和铁损相等时才最经济，即效率最高。两台以上主变压器的变电所应绘出主变压器经济运行曲线，确定其经济运行区域。负荷小于临界负荷时，一台运行；负荷大于临界负荷时，两台运行。由于变压器制造工艺水平正在不断提高，空载损耗率日趋减小，配变经济运行状态下的负荷率也日趋降低。

② 平衡变压器三相负荷，降低变压器损耗。变压器负荷不平衡度越大，损耗也越大。因此，一般要求电力变压器低压电流的不平衡度不得超过 10%，低压干线及主变支线始端的电流不平衡度不得超过 20%。但低压三相负荷总是处于不断变化之中，因此配变负荷平衡管理尤为重要，要求根据负荷阶段性变化经常调整，保持三相负荷尽可能平衡。

③ 合理调配变压器的并列与分列的经济运行方式以及变压器运行电压分接头优化选择。按备用变、负载变化规律、台数组合等因素，优先考虑技术特性优及并、分列经济的变压器运行方式。在满足变压器负载侧电压需要的前提下，用定量计算方法，按电源侧电压的高低和工况负载的大小，对变压器运行电压分接头进行优化选择，从而降低变压器损

耗，提高其运行效率。

（3）合理调节配网运行方式，改善其潮流分布

① 合理调整配电线路的联络方式。配电线路应该采取最佳运行方式使其损耗达到最小，如通过互为备用线路、手拉手线路、环网线路、并联线路、双回线路等是可以达到的。

② 环形供电网络，按经济功率的分布选择网络的断开点。对于环形的供电网络，应根据两侧压降基本相等的原则，找到一个经济功率的断开点，正常运行时断开，使线路的电能损耗降到最小。

③ 推广带电作业，减少线路停电时间。对双回线路供电的网络，双回线路并列是最经济的，如因检修工作，其中一条线路停电，则由于负荷电流全部通过另一条运行的线路，会使线损大大增加。因此，要尽量利用带电作业，减少双回线的停电次数与时间。

（4）合理配置电网的补偿装置，合理安排补偿容量

① 增装无功补偿设备，提高功率因数。对农网线路，合理增设电容器进行无功补偿，提高功率因数。根据供电网络情况，运用集中补偿和分散补偿相结合的方法，变电所可通过高压柜灵活控制功率因数的变化。

② 合理考虑并联补偿电容器的运行和无功功率的合理分布。在有功功率合理分配的同时，应做到无功功率的合理分布。按照就近的原则安排减少无功远距离输送。对各种方式进行线损计算并制定合理的补偿方式。

（5）做到经济调度，有效降低网损

① 合理制定电网的运行方式。合理调整电网年度、季度运行方式，把各种变电设备和线路有机地组合起来并充分挖掘设备的潜力，减少网络损耗，提高供电的可靠性。

② 根据电网实际潮流变化及时调整运行方式。做好电网的经济调度，根据电网的实际潮流变化，及时合理地调整运行方式，做好无功平衡，改善电压质量，组织定期的负荷实测和理论计算，使电网线损与运行方式密切结合，实现电网运行的最大经济效益。尤其在农网运行中，应合理调度电力负荷，强化用电负荷管理，调整三相负荷，减少不平衡电流，从而达到配电网络的降损节能效果。

第三节　电力系统故障

电力系统故障是指设备不能按照预期的指标进行工作的一种状态，也就是说设备未达到其应该达到的功能。其故障有以下几种：发电机组故障、输电线路故障、变电所故障、母线故障等。

一、电力系统故障产生的原因与特征

1.电力系统故障产生的原因

电力系统由发电机、变压器、母线、输配电线路及用电设备组成。各电气元件及系统通常处于正常运行状态，但也可能出现故障或异常运行状态。随着电力系统的规模越来越大，结构越来越复杂，故障的产生不可避免。在整个电力生产过程中，最常发生、危险最严重的故障是短路故障。短路故障发生的原因有电气设备绝缘材料老化或机械损伤，雷击引起过电压，自然灾害引起杆塔倒地或断线，鸟兽跨接导线引起短路，运行人员误操作等。这些因素同时也给电力系统的安全运行带来了一些新的问题。

2.电力系统故障特征

电力系统故障特征是指反映故障征兆的信号经过加工处理后所得的反映设备与系统的故障种类、部位与程度的综合量。电力系统故障的基本特征有：

（1）电流增大，即连接短路点与电源的电气设备中的电流增大。

（2）电压下降，即故障点四周电气设备上的电压降低，而且距故障点的电气距离越近，电压下降越严重，甚至降为零。

（3）线路始端电压，电流间的相位差将发生变化。

（4）线路始端电压与电流间的比值，即测量阻抗将发生变化。

二、常见的电力系统故障及排除方法

1.常见的电力系统故障

（1）发电机组故障

发电机组故障包括空载电压太低或太高,稳态电压调整率差,电压表无指示、振动大等。

（2）输电线路故障

输电线路是电网的基本组成部分，由于其分布范围广，常面临各种复杂地理环境和气候环境的影响，当不利环境条件导致线路运行故障时，就会直接影响线路的安全可靠运行，严重时甚至会造成大面积停电事故。输电线路的故障主要有雷击跳闸故障、外力破坏故障、鸟害故障、线路覆冰及导线的断股、损伤和闪络烧伤故障等。

（3）变电所故障

变电所是电力系统中对电能的电压和电流进行变换电压、功率和汇集、分配电能的场所。变电所中有着不同电压的配电装置，电力变压器，控制、保护、测量、信号和通信设施，以及二次回路电源等。按其用途可分为电力变电所和牵引变电所(电气铁路和电车用)。电力变电所又可分为输电变电所、配电变电所和变频所。这些变电所按电压等级又可分为

中压变电所 (60kV 及以下)、高压变电所 (110 ~ 220kV)、超高压变电所 (330 ~ 765kV) 和特高压变电所 (1000kV 及以上)。按其在电力系统中的地位可分为枢纽变电所、中间变电所和终端变电所。变电所故障主要有直流系统接地及故障、电容器的故障、断路器故障以及避雷器的故障四种。

（4）母线故障及全厂、全所停电

母线是电能集中和分配的重要设备，是电力系统的重要组成原件之一。母线发生故障，将使接于母线的所有元件被迫切除，造成大面积用户停电，电气设备遭到严重破坏，甚至使电力系统的稳定运行遭到破坏，导致电力系统瓦解，后果是十分严重的。

母线故障的原因有：母线绝缘子和断路器套管的闪络，装于母线上的电压互感器和装在母线和断路器之间的电流互感器的故障，母线隔离开关和断路器的支持绝缘子损坏，运行人员的误操作等。

2. 变电运行中的主要故障和排除方法

变电运行是否正常关乎整个电力系统的安全和稳定，但由于设备数量多且运行复杂，导致了变电故障的频繁发生，也给设备的维修养护工作造成了困难，及时排除故障可以保障电力系统的安全运行。

（1）直流系统的接地故障

直流系统的接地故障是电力系统在运行中最容易遇见的故障类型，该故障多是由二次线磨损、绝缘老化、雨水侵入等原因造成直流极性端的对地绝缘性能降低而引发的。

直流系统的接地故障一经产生，变电工作人员必须立即停止站内的二次回路、设备检修等相关工作，并判明接地极性，再检查系统的控制回路、信号回路、整流装置等，及时排除故障。

对直流系统的接地故障进行查找，一般都是采用拉路法。在查找过程中，变电运行工作人员应该沉着冷静，分清主次，根据先检查信号照明后检查操作保护的顺序进行，并坚持先室外后室内的原则，依照程序，逐步缩小排查范围，直至确定故障所在。如果故障排查涉及调度所辖的设备，要先跟调度汇报，经当班的调度员同意后方可开展工作。

另外，在查找故障时，如果有取下熔断器的必要，要严格按先拔正极熔断器，再拔负极熔断器这一顺序进行，恢复顺序则恰恰相反。这样做能够防止寄生回路的影响，避免误动保护装置而造成停电范围的扩大。

（2）电容器的故障

最常见的电容器故障就是外壳温度过高、膨胀、漏油以及声音异常等现象。一旦出现电容器故障，变电运行工作人员应该立即向调度汇报，申请检修，并根据电容器故障情况制订专门措施进行处理。如遇电容器爆炸着火情况，工作人员应该使用干粉灭火器消灭火源，如果电容器的油流出造成火势蔓延，就应该用干燥的土和沙压盖油火；如果电容器熔断器的熔丝熔断了，变电工作人员对整组电容器放电后，应该先检查电容器的外观是否完好达标，当确保所有故障都被排除了，方可更换型号、规格等都相匹配的熔断器进行重新送电，未查明故障原因前，不允许投入运行。

（3）仪用互感器的故障

变电运行过程中出现的仪用互感器故障主要有电压互感器故障和电流互感器故障两类。电压互感器的故障类型比较多，主要包括互感器的熔断器接连熔断两次，内部有放电情况，外壳与引线之间有电火花、外壳冒烟、漏油等情况。电压互感器一旦出现故障应立即停电进行检查，排除隐患。电流互感器运行中出现最多的故障情形是：电流互感器漏油、开路、过热、互感器内部冒烟等。电流互感器出现开路时，应使用绝缘工具对二次回路做短接，当涉及母差保护或主变差动时，应申请退出保护装置的运行。

电压互感器与电流互感器都是构成电力系统的设备基础，一旦发生故障将会对电力系统的正常运行造成重大影响。因此，必须加强这两种设备的监督巡视工作。

三、电力系统故障处理

1. 电力系统故障处理过程

电力系统故障处理过程就是从系统中确定分析的故障区域，尽可能地缩小范围。然后，从被分析区域的某些检测量中得到故障征兆信息，经过对这些前期信息进行分析处理，根据保护动作的信号，判断故障发生的具体位置，进而将故障元件与非故障网络进行隔离，再采用实时结线的方法来识别故障前后的系统拓扑结构，之后找出这两个系统拓扑结构的差异，便可以识别出故障发生区域的一些简单故障，甚至可以直接识别出发生故障的元件。

2. 故障处理的一般原则

（1）当故障发生时，当值人员要迅速、准确查明情况并快速做出记录，报告上级和有关负责人员，迅速正确地执行调度命令及运行负责人的指示，按照有关规程规定正确处理。

（2）迅速限制事故发展，消除根源，并解除事故对人身和设备的威胁。

（3）用一切可能的方法让设备能继续运行，以保证用户和线路的供电正常。

（4）对故障事故进行分析时只允许与事故处理有关的领导和工作人员留在控制室，在处理事故过程中要保持清醒的头脑，随时与上级调度保持紧密联系，随时执行命令。

当事故告一段落时，应迅速向有关领导汇报，事故处理完毕后，进行总结，应记录事故发生的原因、处理过程及处理结果。经常对职工进行安全教育，提高值班人员处理事故的素质。

3.电力系统故障分析方法

电力系统是由生产、输送、分配和消费电能的发电机、变压器、线路和用户组成的，是将一次能源转换成电能并输送与分配至各用户的一个统一系统。由于电力系统在国民经济中及人民生活中占据着重要地位，因此电力系统故障分析方法的研究一直备受人们的重视。一般电力系统故障分析方法有以下三种：

（1）专家系统是一个具有大量专门知识和经验的计算机程序系统，通过在线监测并进行数据采集、存贮，然后传送到诊断运行中心，在这里由专家系统进行处理、分析和诊断，最后将诊断结果和处理建议自动地反馈回运行现场。专家系统具有知识库和推理机两个主要的组成要素。其软件具有相当于某个专门领域的专家的知识和经验水平，模拟专家的决策过程，以解决那些需要专家才能决策的复杂问题。专家系统可以分为：基本规则系统、基本模型系统和基本逻辑系统等三种类型。

（2）人工神经网络是模拟人类神经系统传输、处理信息过程的一种人工智能技术，是通过对样本的学习获得的，是采用神经元实现变电站故障分析的方法及它们之间的有向权重连接来隐含处理问题的知识。具有学习与自适应能力；容错能力比较强；神经元之间的计算具有相对独立性，便于并行处理。

（3）遗传算法是一种新发展起来的优化算法，目前它已经成为人们用来解决高度复杂问题的一个新思路和新方法。它模拟达尔文的遗传选择和自然淘汰的生物进化过程的进化规则，对包含可能解的群体进行基于遗传学的操作，不断生产新的群体并使群体不断进化，同时以全局并行搜索优化群体中的最优个体以求得到满足要求的最优解。遗传算法以其能以较大概率求得全局最优解、计算时间较少等特点在电力电子故障分析系统中得到了应用。合理采用信息，运用遗传算法进行分层信息故障分析。

除上述主要诊断方法外，近年来一些专家和学者也提出了一些其他的电力系统故障诊断方法，如基于多代理系统的故障诊断方法、信息融合的故障诊断方法、基于时间信息序列的故障诊断方法、基于故障波信息的故障诊断方法等；还有学者提出将决策树理论、数据挖掘、小波分析方法、遗传算法、模式识别等智能技术运用到电力系统故障诊断中，都取得了一定的成果。

四、智能故障诊断与人工智能技术

1.智能故障诊断技术发展现状

美国是对故障诊断技术进行系统研究最早的国家之一，1961年美国开始执行阿波罗计划后，出现了一系列设备故障，促使美国航天局和美国海军积极开展故障诊断研究。目前，美国在航空、航天、核工业以及军事部门中的诊断技术占有领先地位，英国在汽车和飞机工业、发电机监测和诊断方面具领先地位，日本在钢铁、化工和铁路等行业的诊断技术方面处于领先地位。据日本统计，在采用诊断技术后，事故率减少了75%左右，维修费降低了 25%~50%；英国对 2000 个大型工厂的调查表明，采用诊断技术后每年节省维修费约 3 亿英镑，而用于诊断技术的费用仅为 0.5 亿英镑。随着设备与系统的复杂程度的增加，故障诊断的成本也在不断增加，促使人们开始转向寻求更具"智能"的故障诊断方法。

智能故障诊断是相对于传统的故障诊断而言的。传统的故障诊断方法可分为基于信号处理的方法和基于数学模型的方法两类，需要人工进行信息处理和判断分析，没有自学习能力。智能故障诊断是融合了人工智能技术的新方法，对故障信息有初步的自动分析和学习能力。智能故障诊断是故障诊断技术发展进程中的里程碑。

1956 年，人工智能学科正式诞生；1965 年，出现了专家系统雏形；1970 年以后，人工智能逐步实用化。电网的故障过程难以用数学模型来进行描述，运行状态信息也复杂多变，信号处理极其复杂，而人工智能技术能够存储和利用专家长期积累的经验，能够模拟人脑的逻辑思维过程进行推理以解决复杂诊断问题；可以不受外界干扰地提供高质量的服务，所以得到了广泛的应用。

2. 常用的人工智能技术

常用的人工智能技术包括专家系统、人工神经网络、决策树理论等，此外近几年也出现了数据挖掘、模糊理论、粗糙集理论、Petri 网络、贝叶斯网络、信息融合、信息论、支持向量机、仿生学的应用及多智能体系统等技术以及上述方法的综合应用。

专家系统可以汇集若干位专家的知识和经验，进行分析、推理，最终得出正确的结论，决策水平可以超过单个专家。所以故障诊断专家系统近年来成为热门研究课题，尤其适合应用于电力系统。1991 年，故障诊断专家系统就已经占美国电力工业中专家系统总数的 41%。故障诊断专家系统除了具备专家系统的一般结构外，还具有自己的特殊性。

（1）它具有如下特点：

① 知识可以从类似系统、设备或工作实际、诊断实例中获取，即知识来源比较规范。

② 诊断的对象是复杂的，行为是动态的，故障是随机的，普通人很难判断，这时就需要通过讨论或请专家来进行诊断。

故障诊断专家系统中常用的推理机制可以划分为正向推理、反向推理、正反向混合推理三种基础推理结构。正向推理的过程：系统发生故障时，根据断路器和保护的动作信息，按照知识指导的推理策略调动知识库在相关空间中搜索。当规则的条件部分与诊断输入信息相匹配，就将该规则作为可用规则放入候选队列中，再通过冲突消解，将其作为进一步推理的证据直至求得诊断结果。反向推理是首先提出假设，然后寻找支持该假设的证据，若所需证据都能够找到，则表明该假设成立，反之则假设不成立。正反向混合推理是首先根据跳闸断路器的保护信息进行初步推理，得到故障设备的假设，然后根据所得假设以及断路器和保护设备之间的逻辑规则进行反向推理，验证假定的故障设备的正确性，有效地缩小查找故障范围。几十年来，专家系统得到了大量深入的研究，具体实现方法很多，但是其推理过程的逻辑原理不外乎这三种。

（2）目前已研究的故障诊断专家系统模型有：基于规则的诊断专家系统、基于案例的诊断专家系统、基于行为的诊断专家系统、基于故障树的诊断专家系统、基于模糊逻辑的诊断专家系统、基于 ANN 的诊断专家系统和基于数据挖掘的诊断专家系统等。

① 基于规则的诊断方法是根据以往专家诊断的经验，将其归纳成规则，通过启发式经验知识进行故障诊断，此方法适合已具有丰富经验的专业领域的故障诊断。基于规则的诊断具有知识表述直观、形式统一、易理解和解释方便等优点，诊断知识可以通过领域专家获取和继承。但复杂系统所观测到的症状与所对应诊断之间的联系是相当复杂的，通过归纳专家经验来获取规则，准确度和通用性不佳。

② 基于案例的诊断方法适用于领域定理难以表示成规则形式，而是容易表示成案例形式并且已积累丰富案例的领域。

③ 基于行为的诊断方法本质也是基于规则的诊断。该方法的关键问题是故障行为征兆的自动获取难度较大；新故障自动识别和分类，尤其是如何解决多故障情况下的诊断，是该方法的难点。

④ 基于故障树的诊断专家系统的实质是一种改进的基于规则的专家系统，计算机依据故障与原因的先验知识和故障率知识自动辅助生成故障树。基于故障树的诊断方法类似于人类的思维方式，同时吸纳了决策树技术的优点，易于理解，在设备诊断中应用较多。

⑤ 基于模糊逻辑推理的诊断方法是先建立故障和征兆的模糊规则库，再进行模糊逻辑推理的诊断过程。但是故障与征兆的模糊关系较难确定，且系统的诊断能力依赖模糊知识库，学习能力差，容易发生漏诊或误诊。

⑥ 基于神经网络专家系统的诊断方法有较好的容错性、响应快、强大的学习能力、自适应能力和非线性逼近能力等，但是其也存在固有的弱点：a. 系统性能受到所选择的训练样本集的有效性的限制；b. 不能解释自己的推理过程和推理依据及其存储知识的意义；c. 利用和表达知识的方式单一，通常只能采用数值化的知识；d. 最根本的一点是神经网络在模拟人类复杂层次的思维方面远远不及传统的专家系统。

⑦ 基于数据挖掘的方法是随着计算机技术的发展而逐步完善的，自从 1989 年 8 月由第 11 届国际联合人工智能学术会议提出这一概念以来，数据挖掘技术已经取得了很大的进步。数据挖掘可以是基于数学理论的，也可以是非数学的；可以是演绎的，也可以是归纳的。电力系统的故障信息包括故障征兆和故障性质，信息量大而且基本规律稳定，适合利用数据挖掘技术进行处理。

五、展望

人类的经济活动已经到了工业经济时代，对电力系统的稳定运行有更高的要求。智能故障诊断是故障诊断技术发展进程中的里程碑。常用的智能故障诊断技术有专家系统、人工神经网络、决策树、数据挖掘等，专家系统技术应用最广、最为成熟，但是也需要结合使用其他智能技术来克服专家系统技术自身的缺点。

电力系统故障诊断研究的发展方向：

（1）多种诊断方法相互结合使用。由于各种诊断方法都有自己的优势，这样通过各种方法的结合，优势互补，来解决各自单一方法在诊断过程中的不足。

（2）信息不完整情况下故障诊断方法的研究。就目前的方法来说，大部分是基于从调度中心获得完整信息的基础上进行故障诊断，并且这些信息是完全可靠的。可是实际运行过程中，由于保护装置、断路器等电器设备的误动作或者不动作等错误信息或者有用信息的缺失往往会直接影响故障诊断的结果，而要将所有继电保护的状态信息全部送入调度中心存在很大的困难。因此，在这种情况下很多方法都无法满足。所以需要我们在信息不完整情况下对故障诊断方法进行深入的研究，寻求一种在不完整信息状况下可以更好地克服这种困难，做出合理的诊断结果的方法。

（3）电网发生故障前"亚正常"的预测。"亚正常"就是指电网正常运行时，某些指标已经偏离了正常的允许范围，将面临可能进一步恶化的趋势。通过把这种"亚正常"的信息反馈给调度员或者运行中心，有利于提早预测故障的发生或者及时做出相应的措施来校正这种"亚正常"状态。就目前各种方法而言，都没有能够在故障发生前对这些"亚正常"的电气参数、指标做出反应，这将是预防和诊断故障过程中重要的环节。

第四节　电力系统规划及可靠性

一、电力系统规划

电力系统发展规划是指研究 5 ~ 15 年内的电力系统发展和建设方案。电力系统发展规划在中国亦称为"电力系统设计"。其内容包括：电力负荷预测、动力资源开发、电源发展规划、电力网发展规划，提出电力系统地理接线图、单线接线图和逐年工程建设项目表；此外，为发电厂设计、变电所设计、电力系统继电保护与安全自动装置设计、电力系统通信设计和电力系统调度自动化设计提供设计依据。中期发展规划是在长期发展规划的基础上进行的，受其约束和指导。以往，中期发展规划的时间为 3 ~ 5 年，有时展望到 7 ~ 10 年。由于规划年限的长短与系统的规模和电力系统所在地区的国民经济发展计划的年限有关，而且大型工程从立项到建成，需时较长，故现在，各国电力系统中期发展规划的时间多为 5 ~ 15 年。每年修正一次，年年滚动。中国电力系统设计往往配合国家的五年计划或十年规划，为 5 ~ 10 年，展望到 15 年。

1. 电力负荷预测

根据电力系统所在地区的国民经济发展计划和用户的未来生产建设发展规划测算未来负荷的发展值，它是发、输、配电建设计划和经济分析的基础。预测内容有：

（1）负荷数值。负荷数值包括逐年冬季和夏季的最大和最小负荷和年需电量。

（2）负荷特性。负荷特性包括代表日、年和年持续负荷曲线，冬季、夏季日负荷率，日最小负荷率和月不均衡率。

（3）各分地区负荷。由于负荷预测的不确定性。因此需要考虑不同的负荷水平对电量及电力系统规划的影响，即要进行敏感性分析。

电力负荷水平反映国民经济和社会的发展水平，因此预测负荷时，首先要调查国民经济发展水平，研究发展规律，核定负荷预测值。负荷预测方法有用电单耗法、时间字列法、回归分析法和电力弹性系数法等。

2. 动力资源开发

动力资源开发研究 5～15 年内动力资源的开发利用，落实规划期内可能的一次能源供应量，以满足电力负荷的需要，中期发展规划要根据国家的能源政策和本地区动力资源的特点，以及购进能源的可能，来分析研究煤炭、水力、石油、天然气和核能的供应量，做到燃煤供应可靠，水电开发项目落实，石油、天然气和核能供应计划明确。如果地区动力资源有几种可能的供应方案，则应进行分析比较从中选优，以达到既满足能源的需求又合理使用动力资源的目的。从 70 年代起，一些国家曾研究出能源模型。在输入有关能源、电力负荷及经济指标等数据后，可得出最佳能源供应方案。但由于模型的不完善，数据难以准确，因此，仍需采用多种方法进行测算，并进行全面比较后，才能求得较合理的方案。

3. 电源发展规划

电源发展规划研究 5～15 年内的电源建设安排，提出电源建设的项目、容量和建设进度。内容有发电总容量安排、备用容量的确定以及发电容量构成和功能分析。

发电容量构成和功能分析发电厂按所用能源种类来分，有水电厂、火电厂（燃煤、油或天然气）和核电厂。电力系统中期发展规划要从地区能源资源特点，通过技术经济比较，来确定各类能源最经济的开发方案，选择发电容量的合理构成。20 世纪 60 年代以来，各国相继开发了一些电源优化数学模型，这些模型大都能对电力系统扩建中的电源做出优化定向分析。但由于有的模型属于单节点电源规划，没有考虑电源和负荷地理分布因素，有的没有充分考虑水电的水文特性，有的没有包括发电新技术的经济评价等。因此，这些模型仍待进一步完善。

4. 电力网发展规划

电力网发展规划包括输电网发展规划和配电网发展规划两部分。

输电网发展规划研究 5～15 年内电源、电力系统与相邻电力系统之间的最优连接方案，即研究电力系统的电压等级、电力系统的结构等，以满足电力系统的可靠性、经济性与灵活性的基本要求。为此就必须进行各类技术条件分析计算，如要进行潮流计算分析、无功平衡及调相调压计算分析、系统稳定计算分析。短路电流计算分析、频过电压及潜供电流计算分析，以及输电可靠性计算分析。在此基础上，对各方案进行经济比较后，选择最佳方案。在规划超高压电力系统时，还要考虑线路走径和变电所位置对环境的影响，如电晕、电磁场影响、可听噪声、无线电电视干扰等。

配电网发展规划研究 5 ~ 15 年内大中城市供电发展规划，配电网发展规划是在调查现有城网状况的基础上，按照未来负荷预测的水平，从改造和加强现有城网入手，合理选择供电电源、电压等级、城网接线和无功补偿与电压调整措施，提出负荷分布图，城网地理接线图和单线图以及对线路、变电所的预留走廊和所址。电源选择是根据中期规划中论证的电源建设原则，考虑城网负荷密度大小和厂址条件而定。通常城市电源的类型和容量由中期发展规划确定，而电源的具体选点则由城网规划完成，电源要考虑有足够的可靠性。当某一电源因事故停电后，其余电源应仍能保证供电，电源要尽量靠近负荷中心，城网供电电压，各地情况不同，但一般尽可能有计划地简化等级。各国城市输入电源的高压送电电压也各不相同，如美国芝加哥。

二、电力系统规划问题

1. 电力系统规划方面的若干新观点

现代的控制理论、系统工程和新材料的研发都是比较有成效的，同时电力系统在发展过程中不断在应用新的分析方法和计算机技术，这样就使得电力系统在发展过程中有了很大的变化，同时由于计算机在很多的领域中都得到了应用，这样就给电力系统的发展带来了更新的技术，使得电力系统规划在发展过程中，出现了更好的发展前景。

（1）灵活交流输电系统技术

灵活交流输电系统技术应用了电力电子学的最新研究成果，同时也应用了现代控制技术，这样就使得交流输电功率可以得到有效的控制，同时现在的高压输电线路在输送能力和输电系统故障排除方面也得到了很大的发展。电力电子技术的不断发展和创新使得灵活交流输电系统技术给电网的建设提供了更多的便利。在电力系统中应用这项技术会给电力系统发展带来很大的变化，同时这项技术也会在电网中进行更大范围的应用，这样可以对这项技术进行更好的检验，对其中可能存在的问题也能进行更好的控制。

（2）串联电容补偿技术

串联电容补偿技术的大范围应用对保证远距离的输送系统的持续平稳是非常有利的，同时也能使系统在稳定状态下的情况得到改进和提升。这项技术是以串联的方式存在，对电容进行一定的补偿，这样可以避免发电机和送电电路在运行的时候出现震动。这项技术在发展的过程中要进行更好的发展，这样才能发挥出更大的作用。

（3）大面积互联和小范围运行

电网在运行中实现规模较大的电网之间的相互互联是非常重要的，对保证电网的经济效益是非常有帮助的，电网之间的互联，可以使能源得到更好的利用，同时也能更好地实现装机量降低的效果。电网之间的互联，能够更好地保证电力系统的稳定运行，同时也能提升供电的稳定性以及安全性，最重要的是能够更好地保证电能在供应过程中的质量得到提高。电网的大面积互联成效是非常好的，在进行互联的时候，可以在用电高峰期实现电能的更好供应，同时也能实现水电和火电之间的互补，这样更能保证电能供应的稳定性。现在的电力建设对实现电网互联作用是非常大的，在不断的发展过程中，能够为电网互联提供更好的依据。小范围内的电网在运行的时候，也是有一定的特点的，主要表现就是小范围的发电厂和其他设备在布设的时候出现了过于密集的情况，这样对确保机组稳定运行有一定的困难，同时线路中的损耗面积也会相对比较大，这样就会出现互联降低的情况，在进行电网互联的时候，要采取一定的方式来对电力系统进行合理的规划。

2. 合理高效地对电力系统进行规划

以往的电力系统规划常常围绕方案比较展开，在此过程中的方案往往是人们凭借自己的感觉或者实践经验导出的，因此存在很强烈的主观想法和一定的局限性。通过计算机，一些烦琐的工作将得到快速地解决，给规划人员腾出大块时间来研究和探讨其他规划方面的问题，进而使规划设计的时间得到显著降低。作为一个较为活跃的学术领域的电力系统优化规划，需要进行深刻讨论的方面颇多。

（1）电力系统网络接线方案

目前，我国正在形成把三峡作为重点网络，对电力系统的网络产生新的更为严格的要求。在对以往的接线方式有丰富的实践经验的基础上，可以适当地对其弊端进行改进，增加新的元素来完善其功能。随着系统容量的日渐加大，断路器的开断能力抵不住电网短路电流水平，在这种情况下，降低短路电流水平便很自然地成为改善网络连接的参考因素。

（2）在规划中对电子地图的应用

文字和数字一直是电力行业的重要数据，除此之外数据还容纳了地形图等各种图件信息。电子地图的特点就是可以随时更新，在目前先进计算机软件的帮助下，电子地图在电网规划中的应用成为可能。技术工作者目前要解决的问题是如何高效地把计算机软件和电网方面的专业数据完美结合，让计算机很好地应用到电网规划中来。电子地图在电网规划中的有效应用可以大范围地减少琐碎工作耗费的时间和精力，可以很好地提高应用效益。

3. 降低大停电对电网结构的要求

降低大停电对电网结构的要求前提就是合理的电网结构。电力系统安全稳定地进行的前提就是合理的电网结构，并且继电保护和安全自动装置的运行也需要合理电网结构的帮助。电网结构一方面属于规划设计的范畴，另一方面也是近期规划亟待解决的问题。在通常的电网结构范围内，增强稳定性措施的应用可以在一定程度上确保单一故障情况电网的合理高效无故障运行。但是考虑到多元故障问题，就需要采用切实可行的自动化措施来保证电网的稳定和安全运行。通常条件下，合理的电网结构要求具备以下三个条件：提供可靠数据，提供应变的可能性，做好协调工作。在对电网运行的长期观察总结中发现，需要对无功电源进行合理高效的规划。无功的度如果把握得不合理，就会给电网的稳定和安全运行带来困难，严重的还可能使设备遭到损坏或者出现系统瘫痪等问题。因此，在电网系统规划和运行中，一定要把无功电源和枢纽点电压的控制放在绝对高度。

三、电力系统可靠性

1. 概述

电力系统按可接受的质量标准和所需数量不间断地向电力用户供应电力和电量的能力。电力系统可靠性是通过定量的可靠性指标来度量的，可以是故障对电力用户造成的不良影响的概率、频率、持续时间，也可以是故障引起的期望电力损失及期望电能量损失等。电力系统可靠性包括充裕度和安全性两个方面。

充裕度是指电力系统维持连续供给用户总的电力需求和总的电能量的能力，同时考虑到系统元件的计划停运及合理的期望非计划停运。充裕度又称"静态可靠性"，也就是在静态条件下电力系统满足用户电力和电能量的能力。

安全性是指电力系统承受突然发生的扰动，如突然短路或未预料到的失去系统元件的能力。安全性又称"动态可靠性"，即在动态条件下电力系统经受住突然扰动并不间断地向用户提供电力和电能量的能力。

2. 电力系统可靠性的重要性

向用户提供源源不断、质量合格的电能是电力系统的主要任务。因为电力系统设备很复杂，包括发电机、变压器、输电线路、断路器等一次设备及与之配套的二次设备，这些设备都可能发生不同类型的故障，从而影响电力系统正常运行和对用户的正常供电。如果电力系统发生故障，将对电力企业、用户和国民经济，造成不同程度的经济损失。社会现代化速度越来越快，生产和生活对电源的依赖性也越来越强，停电造成的损失以及给人们带来的不便也将日益显现。因此，要求电力系统应有很高的可靠性。

3. 电力市场环境下的可靠性

现如今人们普遍思索的问题是怎样揭示电力系统可靠性背后所隐含的经济意义。一些新的研究成果有：怎样将客户的可靠性需求货币化、如何评价发输电系统的可靠性以及新的适应电力市场需求的可靠性指标怎样设定等。这些研究仍面临一个普遍问题：即使人们已经认识到可靠性是一种稀缺的资源，并感觉到其背后所蕴含的经济意义，但在对可靠性的价值进行研究时，往往摆脱不了对可靠性进行"收费"的思想。我们应当在市场环境中使电力系统的可靠性发挥作用。为此就要去探索如何利用市场的供给需求机制实现统一可靠性和经济性的目的。有些资料中提到了可靠性价值的概念，但并没有就在市场条件下的可靠性的供给和需求关系以及这种关系对系统可靠性带来的影响展开讨论，而这些也正是电力市场环境下可靠性研究面临的新挑战。

4. 可靠性面临的挑战

（1）市场环境下如何进行设备检修

在传统电力系统中，设备预防性检修计划由系统进行统一安排，如某一台设备是否需要检修、是大修还是小修都得按规定执行，并且在确定检修计划时不做任何经济性的考虑。而市场环境下设备检修的安排方法不会对电网运行造成大的影响。因此，整个系统只有一个检修计划。

在市场环境下，各公司根据自己的判断进行设备预防性检修，不仅各公司有各自的计划，而且不同类型的公司的计划编制原则也不尽相同。比如，电力采办公司的计划不会考虑一次能源的价格，而电力公司的计划可能就要考虑一次能源的价格。所以，必须研究新的、适合不同类型公司的设备预防性检修计划的原理，并开发相应的软件。

（2）电力市场可靠性与电价

电力市场中的电力交易的导向当然是利润最大化，于是就不可避免地出现系统中某些输电价格较低的线路或某些电能价格较低的发电机周围的线路往往承载着较重的负荷的情况，增加了发生阻塞的机会。传统的消除输电阻塞的方法在电力市场中已经渐渐落伍，必须利用电价这一杠杆来对市场各成员进行协调。可靠性是制定电价的重要依据之一，电价的制定与可靠性分析是密不可分的。

（3）辅助服务应该重视

辅助服务是电力市场经济最重要的特征之一，关系电力系统的安全运行与可靠性。对于电力系统而言，辅助服务包括电网频率控制、机组旋转备用、机组运行备用（非旋转备用）、无功备用和电压控制、电网能量不平衡的消除、有功网损补偿、机组设备事故后的恢复、机组对系统的安全控制、发电再计划（校正计划）；此外还有大面积停电启动、损耗补偿、动态调度、备用支持、负荷跟踪等。传统的电力系统管理中，辅助服务问题一直没有引起足够的重视。在电力市场环境下，必须重视并且管理这些服务，同时给予合理的经济补偿，使辅助服务的供应者能够得到应有的报酬。

（4）稳定系统的协调性

对于任何系统来说，稳定性都是至关重要的，尤其是作为民生与国家之本的电力系统、安全稳定紧急控制系统在电力市场环境下需要协调的问题。电力系统承受不正常活动时保持运行稳定性并且防止事故扩大紧急控制是主要作用。为保持供电的持续性，切机、切负荷、系统解列是针对措施。

在电力市场环境下，不同公司的利益会因为这些措施的实施受到影响，因此，电网公司必须事先与其他公司就切机、切负荷等达成协议，以便在系统运行的稳定性受到威胁时能够按协议采取措施。当然，具体到实际中到底采取何种方式，应在详细的经济分析基础上做出决定。总之，电力市场下，可靠性必须满足各方利益。

5. 电力规划设计中的安全可靠性

电气主接线的设计在发电厂的规划设计中占有重要地位。在传统的电力系统中，电气主接线方案的确定是通过对几种可能的方案进行技术、经济比较，并根据所设计的电源在系统中的地位，确定出从整个系统角度而言认为是最为合适的方案。并且，在对方案进行技术、经济比较时，两者是相互独立的。在电力市场环境下，这种设计思想将遭遇挑战，因为这时电厂是独立的经济实体。在确定电气主接线方案时，不可能从系统的利益考虑问题，一个方案是否可行，完全取决于该方案是否有利于该电厂的经济利益。因此，在电力市场环境下，电厂在确定电气主接线的方案时尽管也会对各种可能的方案进行比较，但此时的比较将既不同于前述的技术比较，也不同于前述的经济比较，而是从经济的角度对各类方案进行整体的技术经济比较，即既要考虑各类设备的投资、维修费用，也要考虑各方案的运行可靠性及由此可能导致的停电损失，并在此基础上得出综合的经济的方案。

6. 如何使电力可靠性促进经济性

随着电力市场改革的不断深入，新的需求源源不断地涌现出来，我们在探索可靠性与经济性之间如何协调发展这个问题上做了大量的工作，但还是应看到在未来的电力市场中，电能可靠性应该成为市场交易的一个方面。

（1）加入市场机制，提高可靠性

传统的模式使交易双方都处于被动状态。通过行政指令迫使电力企业增加投资、保证系统可靠性，这样的做法对用户征收可靠性费用的透明度不高。如果通过市场机制引导用户和发电厂商以及供电商，可靠性的保证就可以过渡到自然和谐的方式，这样更加有利于系统可靠性得到提高。

（2）针对不同客户，提供不同服务

对于不同的发电厂商提供的电能可靠性不同，对他们的付费也应该有所区别。这就需要建立一种交易模式，联系电能的供给需求与可靠性，通过市场的供给需求理论来使系统可靠性的提高。

（3）制定可靠性指标，指导市场行为

可靠性是一个抽象的概念，要把它具体化，增强可靠性评估的可操作性，就需要提出一些新的适合市场需要的可靠性指标，以指导客户和发电厂商的市场行为。随着研究的不断深入，还应该制定更加适合市场交易的可靠性指标。在电力市场中进行与可靠性相关的交易时，不同的市场成员为了获得自身最大利益，将采取不同的策略，市场成员如何决策合理的可靠性水平也将成为未来可靠性问题研究的重点。

第四章　电气设备安装与选择

第一节　电线电缆的选择与线路保护

一、电线电缆的选择

1.电线电缆的基本特性

（1）电性能

导电性能：导电线芯的电阻（导线的直流电阻）、载流量。

电绝缘性能：绝缘电阻、耐电压特性等。

（2）力学特性

力学特性是指抗拉强度、伸长率、弯曲性、弹性、柔软性、耐振动性、耐磨性以及耐冲击性等。

（3）热性能

热性能是指产品的耐热等级、工作温度、电缆的发热和散热特性、载流短路和过载能力、合成材料的热变形和耐热冲击性、材料的热膨胀性及浸渍或涂层材料的滴落性能等。

（4）腐蚀和耐气候性能

腐蚀和耐气候性能是指耐电化腐蚀、耐生物和细菌侵蚀、耐化学药品（油、酸、碱、化学溶剂等）侵蚀、耐盐雾、耐日光、耐寒、防霉及防潮性能等。

（5）老化性能

老化性能是指在机械（力）应力、电应力、热应力以及其他各种外加因素的作用下，或外界气候条件下，产品及其组成材料保持原有性能的能力。

（6）其他性能

其他性能包括材料的特性（如金属材料的硬度、蠕变、高分子材料的相容性）以及产品的某些特殊使用特性（如阻燃等）。

2. 电线与电缆型号的选择

在选用电线电缆时，要考虑用途、敷设条件及安全性等条件。比如，根据用途的不同，可选用电力电缆、架空绝缘电缆、控制电缆等；根据敷设条件的不同，可选用一般塑料绝缘电缆、钢带铠装电缆、钢丝铠装电缆、防腐电缆等；根据安全性要求，可选用不延燃电缆、阻燃电缆、无卤阻燃电缆、耐火电缆等。

（1）电线型号

电线有裸导线和绝缘导线之分。裸导线型号有 JL(TJ) 裸铝（铜）绞线、JL/G1A 钢芯铝绞线等，常用于电杆、铁塔等架空线路。绝缘导线型号有 BVR、BLV、BVV 和 BV 等，BLV(BV、BVR) 型为聚氯乙烯绝缘铝（铜）芯导线，常用于室内暗配线；BLVV(BVV) 型为聚氯乙烯绝缘、聚氯乙烯护套铝（铜）芯导线，常用于室内明配线。

（2）电缆型号

电缆型号有 VLV、VV、YJV、WDZA-YJY 和 NH-VV 等。VLV(VV) 型为聚氯乙烯绝缘、聚氯乙烯护套铝（铜）芯电力电缆，又称"全塑电缆"，常用于室内配电干线。VV22（VLV22）型为铜（铝）芯聚氯乙烯绝缘钢带铠装聚氯乙烯护套电力电缆，敷设在隧道、电缆沟及直埋土壤中，电缆能承受压力及其他外力，常用于室外配电干线。电缆型号有前缀或下脚标等，表示电缆有铠装层保护、抗拉力强、耐腐蚀等特性。比如 NH-VV22，聚氯乙烯绝缘钢带铠装聚氯乙烯护套耐火电力电缆适宜对耐火有要求时埋地敷设；WDZA-YJY23，交联聚乙烯绝缘钢带铠装聚烯烃护套 A 类阻燃电力电缆适宜对阻燃且对无卤低烟有要求时埋地敷设，不适宜管道内敷设。

3. 电线和电缆截面积的选择

根据电线和电缆所使用的环境条件，在确定电线或电缆的型号后，正确选择电线和电缆的截面积是保障用电安全可靠必不可少的条件。选择时既要考虑安全性，还要考虑经济性。

（1）电线和电缆截面积的选择原则

电线和电缆截面积的选择原则，主要从载流量、电压损失条件和机械强度三个方面来考虑。①载流量法。载流量是指导线或电缆在长期连续负荷时，允许通过的电流值。若负荷超载运行，将导致导线或电缆绝缘过热而破坏（或加速老化），造成短路事故，甚至会发生火灾，造成重大的经济损失。②电压损失条件。电压损失是指线路上的损失，线路越长引起的电压降也就越大，这将会使线路末端的负载不能正常工作。一般情况下，住宅用户，由变压器低压侧至线路末端，电压损失应小于 7%；电动机在正常情况下，电动机端电压与其额定电压不得相差 ±5%。③机械强度。导线和电缆应有足够的机械强度，可避免在刮风、结冰或施工时被拉断，造成供电中断和其他事故的发生。

（2）电线与电缆截面积的选择方法

电线与电缆截面积的选择方法是依据上述三条原则，先用一种方法计算，再用另外两种方法验算，最后选择能满足要求的截面积（取最大的截面积）。

4.选择和使用电缆时需要考虑的要素

在选择配电电缆时要综合各个方面的情况，选择既符合使用要求又节能经济的电缆。下面具体分析一下影响配电电缆选择方面的因素：

（1）选择电缆供应商的时候，应当首选企业管理规范、质量控制体系完整的大型厂商，只有这样才能从原材料、工艺、设备、技术、环境、运输等各个方面保证电缆的质量；同时大型厂商能够强力保证货源，完善售前、售中、售后各种服务。这是高质量完成工作的前提。

（2）选择电缆的时候要充分考虑系统负荷和截面载流量。一方面要精确计算正常情况下负荷载流量，另一方面要考虑短路、温差、老化、日照等因素的影响，然后定期加以矫正。

（3）使用环境的考虑。这里的环境包括地理环境、气候条件、化学环境、物理环境和其他环境。地理环境是指各种山河海川、丛林沼泽；气候条件是指温差、日照、紫外线等；化学环境是指酸、碱、矿物油、植物油、化学药品等；物理环境是指耐热性能、高温落差等；其他环境是指白蚁、鼠灾等。

（4）选择和使用电缆的时候要考虑其可操作性和使用要求。可操作性就是要考虑到电缆敷设时候的弯曲度、张力、拉力和侧压力等。在震动距离的地区要使用铜芯电缆，低电压条件下使用PVC绝缘电缆，高电压条件下多使用EPR绝缘电缆。要将敷设的条件、使用的性能充分地结合起来。

（5）选择和使用电缆的时候要充分考虑热性参数和使用年限。例如：PVC使用上限为70℃、XLPE使用上限为90℃、EPR的使用上限是90℃等，并且使用温度越高，寿命越短。

二、线路保护

1.线路保护的基本原理

任何线路故障都会带来电流增大、电压降低，由此，电流电压就固定成了线路保护的工作量；把电流电压量进行不同组合，就构成了各种原理的线路保护。用电压电流比值，构成距离保护；用电流电压夹角判别方向，借助通道送来的对侧方向信号，构成纵联保护。

2.线路保护带负荷测试内容和数据分析

不同线路保护对电压电流量的需求是不一样的，下面我们就分类来讨论：

（1）电流保护

由于电流保护只需电流量，所以，我们的测试就紧紧围绕电流展开，那多大的电流才适合带负荷测试呢？当然越大越好，电流越大，各种错误就暴露得越明显，但在实际运行中，线路潮流往往受网络限制，不能随意增大，只能以保证钳形相位表正常工作为准（电流过小，钳形相位表的相位就可能测不准）。

① 测试内容

A. 电流的幅值和相位

用钳形相位表在保护屏端子排依次测出 A 相、B 相、C 相电流的幅值和相位（相位以一相 PT 二次电压做参考），N 相电流幅值，无记录。

B. 线路潮流

通过控制屏上的电流、有功、无功功率数据，或者监控显示器上的电流、有功、无功功率数据，或者调度端的电流、有功、无功功率数据，记录线路电流大小，有功、无功功率大小和流向，为 CT 变比、方向指向分析奠定基础。

② 数据分析

A. 看电流相序

正确接线下，电流是正序：A 相超前 B 相，B 相超前 C 相（若 CT 为两相不完全星形接线，则 N 相电流就是 B 相电流），C 相超前 A 相。若与此不符，则有可能：a. 在端子箱的二次电流回路相别和一次电流相别不对应，如端子箱内定义为 A 相电流回路的电缆芯接在了 C 相 CT 上，这种情况在一次设备倒换相别时最容易发生。b. 从端子箱到保护屏的电缆芯接反，如一根电缆芯在端子箱接 A 相电流回路，在保护屏上却接 B 相电流输入端子，这种情况一般是由安装人员的马虎造成的。

B. 看电流的对称性

A 相、B 相、C 相电流幅值基本相等，相位互差 120°，即 A 相电流超前 B 相 120°，B 相电流超前 C 相 120°，C 相电流超前 A 相 120°。若一相幅值偏差大于 10%，则有可能：a. 该条线路负荷三相不对称，一相电流偏大或一相电流偏小。b. 该条线路负荷三相不对称，但波动较大，造成测量一相电流幅值时负荷大，而测另一相负荷小。c. 某一相 CT 变比接错，如该相 CT 二次绕组抽头接错。d. 某一相电流存在寄生回路，如某一根电缆芯在剥电缆皮时绝缘损伤，对电缆屏蔽层形成漏电流，造成流入保护屏的电流减少。e. 两相不完全星形接线中，N 线（0 线）不通，造成 B 相电流为 0。

若某相位偏差大于 10%，则有可能：a. 该条线路功率因数波动较大，造成测量一相电流相位时功率因数大，而测另一相时功率因数小。b. 某一相电流存在寄生回路，造成该相电流相位偏移。c. 两相不完全星形接线中，N 线（0 线）不通，造成 A 相、C 相电流互差 180°。

C. 看电流幅值

看电流幅值，核实 CT 变化。用线路一次电流除以二次电流，得到实际 CT 变比，该变比应和整定变比基本一致。变比搞错在更换 CT 时最容易出现。如果偏差大于 10%，则有可能：a. CT 的一次线未按整定变比进行串联或并联。b. CT 的二次线未按整定变比接在相应的抽头上。

（2）电压闭锁过流保护

由于电压闭锁过流保护引入了电压量做闭锁，故而要保护运行中电压的正确，除了"过流保护"的测试内容和数据分析，还需要进行以下工作。

① 测试内容

电压的幅值和相位。用万用表在保护屏端子排依次测出 A 相、B 相、C 相电压的幅值和相位（相位以一相电压或电流做参考）AB 相间、BC 相间、CA 相间、零序电压的幅值，并记录。

② 数据分析

A. 看电压相序

正确接线下，电压是正序：A 相超前 B 相，B 相超前 C 相，C 相超前 A 相。若与此不符，则有可能：引入保护屏的电缆芯接反，如一根电缆芯一端接 A 相电压，在保护屏的一端却接 B 相电压输入端子，这种情况一般是由安装人员的马虎造成的。

B. 看电压的对称性

A 相、B 相、C 相电压幅值都在 57.7V 左右，相位互差 120°，即 A 相电压超前 B 相 120°，B 相电压超前 C 相 120°，C 相电压超前 A 相 120°。AB 相间、BC 相间、CA 相间电压幅值都在 100V 左右，零序电压幅值在 0V 左右，若零序电压完完全全是 0V，则应怀疑零序电压回路断线。

③ 带方向保护

带方向保护引入电压做参考量，用以判断故障点的正反向，所以，电压量的正确性对其相当重要，除了"电压闭锁过流保护"的测试内容和数据分析，还需进行以下数据分析。

根据线路潮流中的有无功值计算一次电压电流夹角，对比实测的电流电压夹角，判断方向指向的正确性。比如，母线向线路送出有功 80MW、无功 60Mvar，则该线路一次电压电流夹角 $\Phi=\text{Arctag}(60/80)=37°$；线路向母线送出有功 80MW、无功 60Mvar，则该线路一次电压电流夹角 $\Phi=-\text{Arctag}(60/80)=-37°$。由于线路保护都是保护输电线路一侧的，所以，计算出的一次电压电流夹角和实测夹角只能相等，若偏差大于 10° 则有可能该条线路开关 CT 二次绕组极性接反。

三、线路保护装置

线路保护装置是指主要用于对各电压等级间隔单元的保护测控，具备完善的保护、测量、控制、备用电源自投及通信监视功能，为变电站、发电厂、高低压配电及厂用电系统的保护与控制提供了完整的解决方案，可有力地保障高低压电网及厂用电系统的安全稳定运行。

1. 发展阶段

线路保护装置随着科学技术的发展逐渐经历了四个发展阶段：

（1）传统的继电器式继电保护。

（2）半导体晶体管式继电保护。

（3）集成电路继电保护。

（4）微机保护。

前三个阶段可近似认为是常规继电保护，而微机保护如今则已经成为所有保护装置的主流应用。各个阶段最显著的区别就是保护装置物理逻辑器件的变化。

2. 常见装置特点

（1）常规继电保护的缺点

常规继电保护是采用继电器组合而成的，如过电流继电器、时间继电器、中间继电器等，通过复杂的组合来实现保护功能，它的缺点如下：

① 占的空间大，安装不方便。

② 采用的继电器触点多，大大降低了保护的灵敏度和可靠性。

③ 调试、检修复杂，一般要停电才能进行，影响正常生产。

④ 没有灵活性，当 rrA 变比改动后，保护定值修改要在继电器上调节，有时候还要更换。

⑤ 使用寿命太短，由于继电器线圈的老化直接影响保护的可靠动作。

⑥ 继电器保护功能单一，要安装各种表计才能观察实时负荷。

⑦ 数据不能远方监控，无法实现远程控制。

⑧ 继电器自身不具备监控功能，当继电器线圈短路后，不到现场是不能发现的。

⑨ 继电器保护是直接和电器设备连接的，中间没有光电隔离，容易遭受雷击。

⑩ 常规保护已经逐渐淘汰，很多继电器已经停止生产。

⑪维护复杂，故障后很难找到问题。

⑫运行维护工作量大，运行成本比微机保护增加 60% 左右。

⑬操作复杂，可靠性低。在以往的运行经验中发现很多事故发生的主要原因有两条：

A. 人为原因：因为自动化水平低，操作复杂而造成事故发生。B. 继电保护设备性能水平低，二次设备不能有效地发现故障。

⑭常规保护从单套价来说比微机保护便宜，但使用的电缆数量多、屏柜多，特别是装置寿命短，运行费用（管理费用、维护费用等）比微机保护高出 60%，综合费用还是比微机保护多。

3. 微机保护的优点

（1）微机保护原来采用单片机，系统具备采集、监视、控制、自检查功能。通过一台设备可以发现输电线路的故障、负荷和设备自身的运行情况（当设备自身发生某种故障时，微机保护通过自检功能，把故障进行呈现），采用计算机原理进行远程控制和监视。

（2）微机保护采用各种电力逻辑运算来实现保护功能，所以只需要采集线路上的电流电压，就可以大大简化接线。

（3）微机保护的保护出口、遥控出口、就地控制出口都是通过一组继电器动作的，所以非常可靠。

（4）微机保护采用计算机控制功能，保护定值、保护功能、保护手段采用程序逻辑，这样可以随时修改保护参数和保护功能，不用重新调试。

（5）微机保护还具备通信功能，可以通过网络把用户所需要的各种数据传输到监控中心，进行集中调度。

（6）微机保护采用光电隔离技术，把所有采集上来的电信号统一形成光信号，这样有强电流攻击的时候，设备可以建立自身保护机制。

（7）微机保护采用 CPU 进行数据处理，加大了数据处理速度。

（8）微机保护的寿命长，由于设备在正常状态下处于休眠状态，只有程序实时运行，各个元器件的寿命才能大大加长。

（9）微机保护具备时钟同步功能，采用故障录波的方式把故障记录下来，便于对故障进行分析。

（10）微机保护采用了多层印刷板和表面贴装技术，因而具有很高的可靠性和抗干扰能力。

（11）微机保护采用中文用户界面标准化，易学、易用、易维护。

（12）微机保护从单套价来说比常规保护贵些，但使用的电缆数量极少、屏柜少，特别是使用寿命长达 25 年，运行费用（管理费用、维护费用等）比常规保护降低 60%，综合费用是比常规保护少许多。

4. 组成

线路保护装置一般由测量元件、逻辑元件和执行元件三部分组成。

（1）测量元件。作用：测量被保护对象输入的有关物理量（如电流、电压、阻抗、功率方向等），并与已给定的整定值进行比较，根据比较结果给出"是""非""大于""不大于"等具有"0"或"1"性质的一组逻辑信号，从而判断保护是否应该启动。

（2）逻辑元件。作用：根据测量部分输出量的大小、性质、输出的逻辑状态、出现的顺序或它们的组合，使保护装置按一定的布尔逻辑及时序逻辑工作，最后确定是否应跳闸或发信号，并将有关命令传给执行元件。逻辑回路有或、与、非、延时启动、延时返回、记忆等。

（3）执行元件。作用：根据逻辑元件传送的信号，最后完成保护装置所担负的任务。比如，故障时跳闸、不正常运行时发信号、正常运行时不动作。

5. 装置异常

（1）原因分析：①电流互感器断线；②电压互感器断线；③CPU 检测到电流、电压采样异常；④内部通信出错；⑤装置长期启动；⑥保护装置插件或部分功能异常；⑦通道异常。

（2）造成后果：①保护装置部分功能不可用；②装置可靠性降低，但尚不至于完全失去保护功能。

（3）处置原则：①立即通知运维单位，汇报调度，重点核实有无误动、拒动风险，是否需要退出该套保护，必要时可向保护专业咨询。②应根据现场运维人员报告情况和保护专业意见、报告调度，确定是否将失去保护的出线退出运行或采用相关开关串带方式运行。③了解异常的原因、现场处置的情况，现场处置结束后，检查信号是否复归并做好记录。

第二节　电力变压器的选择与保护

一、电力变压器

变压器是用来变换交流电压、电流而传输交流电能的一种静止的电器设备。它是根据电磁感应的原理实现电能传递的。变压器就其用途可分为电力变压器、试验变压器、仪用变压器及特殊用途的变压器。电力变压器是电力输配电、电力用户配电的必要设备；试验变压器是对电器设备进行耐压（升压）试验的设备；仪用变压器作为配电系统的电气测量、继电保护之用 (PT、CT)；特殊用途的变压器有冶炼用电炉变压器、电焊变压器、电解用整流变压器、小型调压变压器等。

电力变压器是一种静止的电气设备，是用来将某一数值的交流电压（电流）变成频率相同的另一种或几种数值不同的电压（电流）的设备。当一次绕组通以交流电时，就会产生交变的磁通，交变的磁通通过铁芯导磁作用，就在二次绕组中感应出交流电动势。二次感应电动势的高低与一、二次绕组匝数的多少有关，即电压大小与匝数成正比。其主要作用是传输电能，因此，额定容量是它的主要参数。额定容量是一个表现功率的惯用值，它是表征传输电能的大小，以 kVA 或 MVA 表示，当对变压器施加额定电压时，根据它来确定在规定条件下不超过温升限值的额定电流。较为节能的电力变压器是非晶合金铁心配电变压器，其最大优点是空载损耗值特低。最终能否确保空载损耗值，是整个设计过程中所要考虑的核心问题。当在产品结构布置时，除要考虑非晶合金铁心本身不受外力的作用外，还要在计算时精确合理选取非晶合金的特性参数。

1. 分类

电力变压器按用途分类：升压（发电厂 6.3kV / 10.5kV 或 10.5kV / 110kV 等）、联络（变电站间用 220kV / 110kV 或 110kV / 10.5kV）、降压（配电用 35kV / 0.4kV 或 10.5kV / 0.4kV）。

电力变压器按相数分类：单相、三相。

电力变压器按绕组分类：双绕组（每相装在同一铁心上，原、副绕组分开绕制、相互绝缘）、三绕组（每相有三个绕组，原、副绕组分开绕制、相互绝缘）、自耦变压器（一套绕组中间抽头作为一次或二次输出）。三绕组变压器要求一次绕组的容量大于或等于二、三次绕组的容量。三绕组容量的百分比按高压、中压、低压顺序有：100/100/100、100/50/100、100/100/50，这要求二、三次绕组均不能满载运行。一般三次绕组电压较低，多用于近区供电或接补偿设备，用于连接三个电压等级。自耦变压器有升压和降压二种，因其损耗小、重量轻、使用经济，为此在超高压电网中应用较多。小型自耦变压器常用的型号为 400V/36V(24V)，用于安全照明等设备供电。

电力变压器按绝缘介质分类：油浸变压器（阻燃型、非阻燃型）、干式变压器、110kV SF6 气体绝缘变压器。

电力变压器铁芯均为芯式结构。一般通信工程中所配置的三相电力变压器为双绕组变压器。

2. 作用

电力变压器是发电厂和变电所的主要设备之一。变压器的作用是多方面的，它不仅能升高电压把电能送到用电地区，还能把电压降低为各级使用电压，以满足用电的需要。总之，升压与降压都必须由变压器来完成。在电力系统传送电能的过程中，必然会产生电压和功率两部分损耗，在输送同一功率时电压损耗与电压成反比，功率损耗与电压的平方成反比，利用变压器提高电压，减少了送电损失。

变压器是由绕在同一铁芯上的两个或两个以上的线圈绕组组成的，绕组之间是通过交变磁场联系并按电磁感应原理工作。变压器安装位置应考虑便于运行、检修和运输，同时应选择安全可靠的地方。在使用变压器时必须合理地选用变压器的额定容量。变压器空载运行时，需用较大的无功功率，这些无功功率要由供电系统供给。变压器的容量若选择过大，不但会增加初投资，而且会使变压器长期处于空载或轻载运行状态，使空载损耗的比重增大、功率因数降低、网络损耗增加，这样运行既不经济又不合理。变压器容量若选择过小，会使变压器长期过负荷，易损坏设备。因此，变压器的额定容量应根据用电负荷的需要进行选择，不宜过大或过小。

二、变电所主变压器的选择

1. 变电所主变压器台数的选择

选择主变压器台数时应考虑以下原则：

（1）一般情况下应首先考虑选择一台变压器。

（2）选择两台或两台以上变压器的情况有以下几种。

① 对供有大量一、二级负荷的变电所，宜采用两台变压器，以便当一台变压器发生故障或检修时，另一台变压器能对一、二级负荷连续供电，以满足供电可靠性的要求。

② 对季节性负荷或昼夜负荷变动较大宜于采用经济运行方式的变电所，也可考虑采用两台变压器。

③除上述情况外的一般用户变电所，如果负荷集中而容量又相当大时，虽为三级负荷，也可采用两台或以上变压器。

（3）在确定变电所主变压器台数时，应考虑到负荷的发展趋势，留有适当的裕度。

2. 变电所主变压器容量的选择

我国变压器容量等级采用 R10 容量系列，该系列变压器容量等级按 1.26 倍数递增，如 100kVA、125kVA、160kVA、200kVA、250kVA、315kVA、400kVA、500kVA、630kVA、800kVA 和 1000kVA 等。

（1）只设一台主变压器的变电所。变压器容量 ST 应满足全部用电设备总计算负荷 S30 的需要，即 ST≈SN≥S30。

（2）装设两台主变压器的变电所，每台变压器的容量 ST 应满足下面两个条件：

① 任一台变压器单独运行时，应满足总计算负荷 S30 的 60% ~ 70% 的需要；

② 任一台变压器单独运行时，应满足全部一、二级负荷的需要。

车间变电所主变压器的单台容量一般不宜大于 1000kVA（或 1250kVA）。这主要是考虑到可以使变压器更接近于车间负荷中心，以减少低压配电线路的电能损耗、电压损耗及有色金属消耗量。

变电所主变压器容量的选择应适当考虑负荷的发展，一般应考虑今后 5 ~ 10 年电力负荷的增长，要留有一定的余地，同时要考虑变压器的正常过负荷能力。

三、电力变压器的继电保护

对于输电线路高压侧为 110kV 及以上的工厂总降压的主变压器来说，应装设过流保护、速断保护和瓦斯保护。过流保护作为电流速断保护的后备保护，在有可能超过电力负荷时，也需装设过负荷装置。但是如果单台运行的电力变压器容量在 10000 千伏安及以上和并列运行的电力变压器每台容量在 6300 千伏安及以上时，则要求装设纵联差动装置保护来取代电流速断保护。如果主电源出口处继电保护装置动作时限为 2s，则变压器保护的过电流保护动作时限可整定为 1.5s。

1. 装设瓦斯保护

当变压器油箱内故障产生轻微瓦斯或油面下降时，瞬时动作于信号；当产生大量瓦斯时，应动作于高压侧断路器。

2. 过负荷保护动作时限

（1）电流回路：A 相第一个绕组头端与尾端编号 1A1、1A2，如果是第二个绕组则用 2A1、2A2，其他同理。

（2）电压回路：如果母线电压回路的星形接线采用单相二次额定电压 57V 的绕组，则变电站高压侧母线电压接线。

① 为了保证 PT 二次回路在末端发生短路时也能迅速将故障切除，采用快速动作自动开关 ZK 替代保险。

② 采用 PT 刀闸辅助接点 G 来切换电压。当 PT 停用时 G 打开，自动断开电压回路，防止 PT 停用时由二次侧向一次侧反馈电压造成人身和设备事故；N600 不经过 ZK 和 G 切换，是为了 N600 有永久接地点，防止 PT 运行时因为 ZK 或者 G 接触不良，造成 PT 二次侧失去接地点。

③ 1JB 是击穿保险。击穿保险实际上是一个放电间隙，正常时不放电，当加在其上的电压超过一定数值后，放电间隙被击穿而接地，起到保护接地的作用，这样万一中性点接地不良，高电压侵入二次回路也有保护接地点。

④ 传统回路中，为了防止在三相线时断线闭锁装置因为无电源拒绝动作，必须在其中一相上并联一个电容器 C，在三相断线时电容器放电，供给断线装置一个不对称的电源。

⑤ 因母线 PT 是接在同一母线上所有元件公用的，为了减少电缆联系，设计了电压小母线 1YMa、1YMb、1YMc、YMN（前面数值"1"代表 1 母 PT）。PT 的中性点接地 JD 选在主控制室小母线引入处。

⑥ PT 二次电压回路并不是直接由刀闸辅助接点 G 来切换的，而是由 G 去启动一个中间继电器，通过这个中间继电器的常开接点来同时切换三相电压，该中间继电器起重动作用，装设在主控制室的辅助继电器屏上。

（3）保护操作回路

继电保护操作回路是二次回路的基本回路，110kV 操作回路构成该回路的主要部分。220kV 操作电压回路也是应用同样的原理设计形成的，传统电气保护的阈值、开关量进行逻辑计算后，提交给操作回路，对微机装置进行保护。因此微机装置保护仅仅是将传统的操作回路小型化、板块化。

① 当开关闭合时，DL1 立即断开，然后 DL2 闭合。HD、HWJ、TBJI 绕组，TQ 组成

回路，点亮 HD，HWJ 开始操作，但是由于线圈的各个绕组有较大的电阻阻值，致使 TQ 上获得的电压不至于让其执行跳开动作；保护跳闸出口时，TJ、TYJ、TBJI 线圈、TQ 直接连通，TQ 上线圈电流变大，获得较大电压后开始工作。由于 TBJI 接点动作自保持，所以 TBJI 绕组线圈一直等待所有断路器断开后，TBJI 才返回（DL2 断开）。

② 二次保护合闸回路原理与二次保护跳闸回路相同。

③ 在二次回路合闸绕组线圈上并联了 TBJV 回路，这个保护回路是为了防止在线圈失去电压跳闸过程中又有电压合闸命令，导致短时间内的繁复跳合闸而损坏机构。例如，合闸后绕组充放电的延迟效应，及容易造成合闸接点 HJ 或者 KK 的 5、8 粘连。当开关在跳闸过程中，使得 TBJI 闭合，HJ、TBJV 绕组，TBJI 接通，TBJV 动作时 TBJV 绕组线圈自保持，相当于将合闸线圈短路了（同时 TBJV 闭触点断开，合闸绕组线圈被屏蔽）。这个回路叫防跃回路，即防止开关跳跃的意思，简称"防跃"。

④ D1、D2 两个二极管的单相连通让 KKJ 合闸后的继电器开始工作。KKJ 的工作通过手动合闸来完成，手动跳闸的目的是让 KKJ 复归，KKJ 是电磁保持继电器，动作后并不是自动返回的，所以 KKJ 又称"手动合闸继电器"，广泛用于"备自投""重合闸""不对应"等的二次回路设计。

⑤ HYJ 与 TYJ 是感压型的跳合闸压力继电器，它一般接入断路器机构的气压接点，根据 SF6 产生的气体所造成的气体压力而动作，所以在以 SF6 为绝缘介质的灭弧开关量中，若气体发生泄露，那么当气体压力降到不能够灭弧的时候，接点 J1 和 J2 连通，将操作回路断开，防止操作发生，造成火灾隐患。在设计和施工中，值得注意的是当气压低闭锁电气操作时候，不能够在现场直接用机械方法使开关断开，气压低闭锁是因为灭弧气压已不能灭弧，这个时候任何将开关断开的方法都容易造成危险，容易让灭弧室炸裂，造成设备损毁，正确的方法是先把负荷断路器的负荷去掉之后，再手动把开关跳开，保证电气的安全特性。

⑥ 辅助的位置继电器 HWJ、TWJ，主要用于显示二次回路当前开关的合跳闸位置和跳合闸线圈的工作状况。例如，在运行时，只有 TQ 完好，TWJ 才动作。

所有保护及安控装置作用于该断路器的出口接点都必须通过该断路器的操作系统，不允许出口接点直接接入断路器。

目前的保护装置都已经采用微机式保护方式，但从电气操作的灵敏性、快速性、安全性考量，机电式保护在许多电厂及变电站仍被广泛地使用着。

第三节　高压电器及其设备选择

一、高压电器

高压电器是在高压线路中用来实现关合、开断、保护、控制、调节、量测的设备。一般的高压电器包括开关电器、量测电器和限流、限压电器。

国际上公认的高低压电器的分界线交流是 1kV（直流则为 1500V）。1kV 以上为高压电器，1kV 及以下为低压电器；有时也把变压器列入高压电器。

在高压电器产品样本、图样、技术文件、出厂检验报告、型式试验报告、使用说明书及产品名牌中，常采用各种专业名词术语，用来表示产品的结构特征、技术性能和使用环境。

1. 设备术语

（1）高压开关——额定电压 1kV 及以上，主要用于开断和关合导电回路的电器。

（2）高压开关设备——高压开关与控制、测量、保护、调节装置以及辅件、外壳和支持件等部件及其电气和机械的联结组成的总称。

（3）户内高压开关设备——不具有防风、雨、雪、冰和浓霜等性能，适于安装在建筑场所内使用的高压开关设备。

（4）户外高压开关设备——能承受风、雨、雪、污秽、凝露、冰和浓霜等作用，适于安装在露天使用的高压开关设备。

（5）金属封闭开关设备（开关柜）——除进出线外，其余完全被接地金属外壳封闭的开关设备。

（6）铠装式金属封闭开关设备——主要组成部件（如断路器、互感器、母线等）分别装在接地的金属隔板隔开的隔室中的金属封闭开关设备。

（7）间隔或金属封闭开关设备——与铠装式金属封闭开关设备一样，其某些元件也分装于单独的隔室内，但具有一个或多个符合一定防护等级的非金属隔板。

（8）箱式金属封闭开关设备——除铠装式、间隔式金属封闭开关设备以外的金属封闭开关设备。

（9）充气式金属封闭开关设备——金属封闭开关设备的隔室内具有可控压力系统、封闭压力系统以及密封压力系统，是用三种压力系统之一来保护气体压力的一种金属封闭开关设备。

（10）绝缘封闭开关设备——除进出线外，其余完全被绝缘外壳封闭的开关设备。

（11）组合电器——将两种或两种以上的高压电器，按电力系统主接线要求组成一个有机的整体而各电器仍保持原规定功能的装置。

（12）气体绝缘金属封闭开关设备——封闭式组合电器，至少有一部分采用高于大气压的气体作为绝缘介质的金属封闭开关设备。

（13）断路器——能关合、承载、开断运行回路正常电流，也能在规定时间内关合、承载及开断规定的过载电流（包括短路电流）的开关设备。

（14）六氟化硫断路器——触头在六氟化硫气体中关合、开断的断路器。

（15）真空断路器——触头在真空中关合、开断的断路器。

（16）隔离开关——在分位置时，触头间符合规定要求的绝缘距离和明显的断开标志；在合位置时，能承载正常回路条件下的电流及规定时间内异常条件（如短路）下的电流开关设备。

（17）接地开关——用于将回路接地的一种机械式开关装置。在异常条件（如短路）下，可在规定时间内承载规定的异常电流；在正常回路条件下，不要求承载电流。

（18）负荷开关——能在正常回路条件下关合、承载和开断电流以及在规定的异常回路条件（如短路）下，在规定的时间内承载电流的开关装置。

（19）接触器——手动操作除外，只有一个休止位置，能关合、承载及开断正常电流及规定的过载电流的开断和关合装置。

（20）熔断器——当电流超规定值一定时间后，以它本身产生的热量熔化而开断电路的开关装置。

（21）限流式熔断器——在规定电流范围内动作时，以它本身所具备的功能将电流限制到低于预期电流峰值的一种熔断器。

（22）喷射式熔断器——由电弧能量产生气体的喷射而熄灭电弧的熔断器。

（23）跌落式熔断器——动作后载熔件自动跌落，形成断口的熔断器。

（24）避雷器——一种限制过电压的保护电器，它用来保护设备的绝缘，免受过电压的危害。

（25）无间隙金属氧化物避雷器——由非线性金属氧化物电阻片串联和（或）并联组成且无串联放电间隙的避雷器。

（26）复合外套无间隙金属氧化物避雷器——由非线性金属氧化物电阻片和相应的零部件组成且其外套为复合绝缘材料的无间隙避雷器。

2. 参量术语

（1）额定电压——在规定的正常使用和性能条件下能连续运行的最高电压，并以它确定高压开关设备的有关试验条件。

（2）额定电流——在规定的正常使用和性能条件下，高压开关设备主回路能够连续承载的电流数值。

（3）额定频率——在规定的正常使用和性能条件下能连续运行的电网频率数值，并以它和额定电压、额定电流确定高压开关设备的有关试验条件。

（4）额定电流开断电流——在规定条件下，断路器能保证正常开断的最大短路电流。

（5）额定短路关合电流——在额定电压以及规定的正常使用和性能条件下，开关能保证正常开断的最大短路峰值电流。

（6）额定短时耐受电流（额定热稳定电流）——在规定的正常使用和性能条件下，在确定的短时间内，开关在闭合位置所能承载的规定电流有效值。

（7）额定峰值耐受电流（额定热稳定电流）——在规定的正常使用和性能条件下，开关在闭合位置所能耐受的额定短时耐受电流第一个大半波的峰值电流。

（8）额定短路持续时间（额定动稳定时间）——开关在闭合位置所能承载额定短时耐受电流的时间间隔。

（9）温升——开关设备通过电流时各部位的温度与周围空气温度的差值。

（10）功率因数（回路的）——开关设备开合试验回路的等效回路，在工频下的电阻与感抗之比，不包括负荷的阻抗。

（11）额定短时工频耐受电压——按规定的条件和时间进行试验时，设备耐受的工频电压标准值（有效值）。

（12）额定操作（雷电）冲击耐受电压——在耐压试验时，设备绝缘能耐受的操作（雷电）冲击电压的标准值。

3. 操作术语

（1）操作——动触头从一个位置转换至另一个位置的动作过程。

（2）分（闸）操作——开关从合位置转换到分位置的操作。

（3）合（闸）操作——开关从分位置转换到合位置的操作。

（4）"合分"操作——开关合后，无任何有意延时就立即进行分的操作。

（5）操作循环——从一个位置转换到另一个装置再返回到初始位置的连续操作；如有多位置，则需通过所有的其他位置。

（6）操作顺序——具有规定时间间隔和顺序的一连串操作。

（7）自动重合（闸）操作——开关分后经预定时间自动再次合的操作顺序。

（8）关合（接通）——用于建立回路通电状态的合操作。

（9）开断（分断）——在通电状态下，用于回路的分操作。

（10）自动重关合——在带电状态下的自动重合（闸）操作。

（11）开合——开断和关合的总称。

（12）短路开断——对短路故障电流的开断。

（13）短路关合——对短路故障电流的关合。

（14）近区故障开断——对近区故障短路电流的开断。

（15）触头开距——分位置时，开关的一极各触头之间或具连接的任何导电部分之间的总间隙。

（16）行程——触头的分、合操作中，开关动触头起始位置到任一位置的距离。

（17）超行程——合闸操作中，开关触头接触后动触头继续运动的距离。

（18）分闸速度——开关分（闸）过程中，动触头的运行速度。

（19）触头刚分速度——开关合（闸）运程中，动触头与静触头的分离瞬间运动速度。

（20）合闸速度——开关合（闸）过程中，动触头的运动速度。

（21）触头刚合速度——开关合（闸）过程中，动触头与静触头的接触瞬间运动速度。

（22）开断速度——开关在开断过程中，动触头的运动速度。

（23）关合速度——开关在开断过程中，运触头的运动速度。

4. 高压电器与低压电器的区别：

（1）电压

低压电器：交流 1000V、直流 1500V 及以下的电器。交流主要有以下几个常用电压等级：交流 1140V、660V、380V、220V、36V。

高压电器：额定电压在 3kV 以上的电器。国家标准：中压：3kV、6kV、10kV、20kV、35kV；高压：66kV、110kV、220kV；超高压：330kV、500kV、750kV。

（2）传电

从传电来说，电压够大的时候电阻会突然减小，传播电流的速度就会变快。

（3）危险性

从危险性来说，高压电器基本上是碰上了立刻就会死掉（指的是碰上了导电中的高压电器的导线，没有保护的部分）。低压电器碰到了里面的导线也有救活的可能，甚至没有多少伤害或没有伤害。

（4）外表

从外表上来讲，高压电器一般来说有很多层防护。

二、高压电器的选择应遵循的原则

1. 主接线的设计依据

（1）负荷大小的重要性

（2）系统备用容量大小

① 运行备用容量不宜少于 8% ~ 10%，以适应负荷突变、机组检修和事故停运等情况的调频需要。

② 装有两台及以上的变压器的变电所，当其中一台事故断开时，其余主变压器的容量应保证该变电所 60% ~ 70% 的全部负荷；在计及过负荷能力后的允许时间内，应保证

车间的一、二级负荷供电。

2. 主接线的基本要求

电气主接线应满足可靠性、灵活性、经济性三项基本要求，具体如下：

（1）可靠性

供电可靠性是电力生产和分配的首要要求。

① 断路器检修时，不宜影响供电。

② 线路、断路器或母线或母线隔离开关检修时，尽量减少停运出线回数及停运时间，并能保证对一级负荷及全部或大部分二级负荷的供电。

③ 尽量避免发电厂、变电所全部停运的可能性。

④ 大机组超高压电气主接线应满足可靠性的特殊要求。

（2）灵活性

主接线应满足在调度、检修及扩建时的灵活要求，具体如下：

① 调度时，应可以灵活地投入和切除电源、变压器和线路，调配电源和负荷，满足系统在事故运行方式、检修运行方式以及特殊运行方式下的系统调度要求。

② 检修时，应可以方便地停运断路器、母线及其继电保护设备，进行安全检修而不致影响电力网的运行和对车间的供电。

③ 扩建时，应可以容易地从初期接线过渡到最终接线。在不影响连续供电或停运时间最短的情况下，投入新装机组，变压器或线路不互相干扰，并且对一次和二次部分的改建工作最少。

（3）经济性

主接线应在满足可靠、灵活性要求的前提下做到经济合理。

① 主接线应力求简单，以节省断路器、隔离开关、电流和电压互感器、避雷器等一次设备。

② 要能使继电保护和二次回路不过于复杂，以节省二次设备和控制电缆。

③ 要能限制短路电流，以便于选择物美价廉的电气设备或轻型电器。

④ 如能满足系统的安全运行及继电保护要求，35kV 及其以下终端或分支变电所可采用简易电器。

⑤ 占地面积少：主接线设计要为配电装置布置创造条件，尽量使占地面积减少。

⑥ 电能损失少：经济合理地选择主变压器的种类（双绕组、三绕组或自耦变压器）、容量、数量，要避免因两次变压而增加电能损失。

第四节　低压电器及其设备选择

一、低压电器

低压电器是一种能根据外界的信号和要求，手动或自动地接通、断开电路，以实现对电路或非电对象的切换、控制、保护、检测、变换和调节的元件或设备。控制电器按其工作电压的高低，以交流 1200V、直流 1500V 为界，可划分为高压控制电器和低压控制电器两大类。总的来说，低压电器可以分为配电电器和控制电器两大类，是成套电气设备的基本组成元件。在工业、农业、交通、国防以及用电部门中，大多数采用低压供电，因此电器元件的质量将直接影响低压供电系统的可靠性。

1. 基本结构

低压电器一般都有两个基本部分：一个是感测部分，它感测外界的信号，做出有规律的反应。在自控电器中，感测部分大多由电磁机构组成；在受控电器中，感测部分通常为操作手柄等。另一个是执行部分，如触点是根据指令进行电路的接通或切断的。

2. 设备介绍

控制电器按其工作电压的高低，以交流 1200V、直流 1500V 为界，可划分为高压控制电器和低压控制电器两大类。交流 1200V 及以下、直流 1500V 及以下的均称为低压电器。

低压电器的发展，取决于国民经济的发展和现代工业自动化发展的需要，以及新技术、新工艺、新材料的研究与应用。目前低压电器正朝着高性能、高可靠性、小型化、数模化、模块化、组合化和零部件通用化的方向发展。

3. 设备选择

（1）低压配电设计所选用的电器，应符合国家现行的有关标准，并应符合下列要求：

① 电器的额定电压应与所在回路标称电压相适应。

② 电器的额定电流不应小于所在回路的计算电流。

③ 电器的额定频率应与所在回路的频率相适应。

④ 电器应适应所在场所的环境条件。

⑤ 电器应满足短路条件下的动稳定与热稳定的要求。用于断开短路电流的电器，应满足短路条件下的通断能力。

（2）验算电器在短路条件下的通断能力，应采用安装处预期短路电流周期分量的有效值，当短路点附近所接电动机额定电流之和超过短路电流的 1% 时，应计入电动机反馈电流的影响。

4. 作用

低压电器能够依据操作信号或外界现场信号的要求，自动或手动地改变电路的状态、参数，实现对电路或被控对象的控制、保护、测量、指示、调节。低压电器的作用有：

（1）控制作用，如电梯的上下移动、快慢速自动切换与自动停层等。

（2）调节作用，低压电器可对一些电量和非电量进行调整，以满足用户的要求，如柴油机油门的调整、房间温湿度的调节、照度的自动调节等。

（3）保护作用，能根据设备的特点，对设备、环境，以及人身实行自动保护，如电机的过热保护、电网的短路保护、漏电保护等。

（4）指示作用，利用低压电器的控制、保护等功能，检测出设备运行状况与电气电路工作情况，如绝缘监测、保护掉牌指示等。

二、低压电器的类型及其发展

1. 电力断路器的发展方向

电力断路器作为低压电器中一个最为重要的产品，其发展一直得到众多的青睐。从推出的新产品来看，可谓竞争激烈。

（1）框架断路器（ACB）

新一代框架断路器不仅整体性能与主要技术指标均有较大幅度的提高，而且提高的技术性能指标更突出了实用性。大电流整体式结构成为新一代框架断路器大等级规格的一个发展主流。新一代框架断路器不仅每个规格产品的体积在进一步减小，而且整个系列的规格数量也在减少。新一代框架断路器中触头灭弧系统大多采用单断点结构。许多新一代框架断路器的内外部附件均采用模块化设计，既能方便标准化装配生产，又能方便拆装更换和维护。新一代框架断路器中电子控制器均具备强大功能，所有新一代产品均配有通信接口，可与主要工业现场总线系统部分新一代框架断路器内部采用内部总线。

（2）塑壳断路器

新一代塑壳断路器在产品结构、操作机构、触头灭弧系统、可调热磁脱扣器和电子脱扣器等技术方面较老一代的塑壳断路器有了较大的突破，使产品的综合技术经济指标大大提高。新一代塑壳断路器的发展非常注重在缩小体积的同时提高技术性能指标，因此新型双断点分断技术越来越受到重视。

随着短路分断能力的提高，许多产品都实现了 Ics=Icu，部分系列产品中大电流等级规格具有 Icw 指标，使塑壳断路器上下级间实现选择性保护成为可能。许多新一代产品不仅体积大大缩小，而且壳架等级也有减小趋势。随着电子式脱扣器体积的缩小和成本的降低，全系列均采用电子式脱扣器已经是明显趋势，应用电子式脱扣器的塑壳断路器其保护性能更加完善。

新一代塑壳断路器均具有接地故障保护功能和剩余电流保护功能。其在结构上一般采用两种方式：孪生式结构和拼装式结构。其中，孪生式结构体积较小，并且维护更换方便；拼装式结构派生灵活。

为适应系统的需要，各机构越来越重视对附件开发，提供了丰富的内部附件和外部附件。新一代塑壳断路器均具有通信功能，其通过外接的通信适配器方便地与各种现场总线系统相连接，实现远程监控。

2. 控制电器的发展动向

随着电子技术的飞速发展，控制电器的发展也越来越快，其中尤以控制与保护开关电器、电子式电动机保护器、软启动器和变频器的发展最为迅速。在近十年里一些机构大都研发了两代产品，可见技术发展之快。

（1）控制与保护开关电器

近年来各大机构将整体解决方案的概念引入电动机控制与保护装置中，将电动机保护断路器、接触器、保护继电器直接组装成紧凑型的电动机启动器（组合式，如 Moeller 的 Xstart 系列等），并在元器件设计时就从外观、尺寸、端子连接及性能配合等方面考虑了相互的连接组合要求。随着技术的发展和需求的增加，整体式的 CPS 已出现（如施耐德的 TesysU 系列），其结构更为紧凑、合理，功能更为强大。整体式的 CPS 以施耐德的 TesysU 系列产品为代表，高度集成不仅使其体积比组合式大大减小，而且保护性能完善、功能强大，因此整体式 CPS 极有可能成为今后 CPS 发展的主流。

（2）电子式电动机保护器

电子式电动机保护器是随着电子技术的发展而诞生的专业用于电动机等保护的电器，根据电动机保护要求的高低分成高、中、低端产品系列。高端电动机保护器功能非常强大，如 MM2 和 GEMultlin 下的电动机保护器是其产品系列中的一个主要产品，主要应用于低压电机控制中心。

电子式电动机保护器在功能扩展上也呈现出方案的多样化，保护范围不仅是电动机保护，也扩展到其他设备保护，如变电站保护、变压器保护等。低档和中档的电子式电动机保护器的机械结构和功能与传统的热保护继电器类似，可直接与同等级的接触器组装成紧凑型电动机启动器，但其功能比热继电器更强大，将逐步替代热继电器，在电动机的控制与保护领域占有一席之地。

（3）软启动器

软启动器技术发展较快，已基本上取代了原来的降压启动器、自耦减压启动器等产品，成为一种重要的电动机启动器，其一般有经济型和高级型两个系列。经济型软启动器一般功能简单，仅具有软启动功能，没有其他保护功能，但成本较低、结构紧凑、体积小巧，有的经济型软启动器还可兼作半导体接触器。高级型软启动器除了具有软启动功能外，还具有其他多种保护功能。

电动机变频调速装置（变频器）可以通过改变电源输出频率任意调节电机转速，实现平滑的无级调速，在需要调速的工业控制中得到广泛的应用，因此均非常重视变频调速装置的发展。新一代电动机变频调速装置总的特点是：高性能、易用性强，安装及初始化设置进一步简单化；具有很宽的功率范围、优良的速度控制和转矩控制特性；功率结构与控制单元模块化，控制单元能支持即插即用功能；智能化、支持多总线通信，提供开放的现场可编程结构；高功率密度，体积紧凑；受 EMI/RFI 谐波的影响较小。随着变频器控制技术的发展，其高级型的产品具有很高的控制性能，不仅能控制交流异步电机，而且能控制交流永磁同步电机，其控制性能水平达到了通用伺服控制器的水平。电机一体化变频器和组件式变频器也得到了快速的发展，这类变频器形式将成为小型变频器的发展主流。

3. 终端电器的发展动向

终端电器的发展经历了 20 世纪 90 年代的快速发展，近些年来已呈平稳发展态势，产品系列规格齐全、技术性能指标高、尺寸模数化、安装轨道化。

4. 微型断路器 (MCB) 的发展

作为终端电器中的主要产品，微型断路器的发展始终主导着终端电器的发展。终端配电系统的选择性保护过去一直无法实现，带选择性保护的微型断路器，如 ABB 的 S700 等的诞生，彻底解决了终端配电系统上下级的选择性保护问题，使用电的安全性、可靠性大大提高。P+N 结构的微型断路器近些年来得到了快速发展，目前 P+N 结构的微型断路器向大容量及高分断能力方向发展。随着 P+N 结构与微型断路器技术的突破，更小体积（预计单极 12mm 宽）的微型断路器在不久的将来也会面世，这将迎来微型断路器的又一发展高峰。同一微型断路器具有多样的脱扣特性，可符合多种标准，满足不同配电系统的要求，适应全球化贸易的需要。微型断路器除了自身技术发展外，其配套附件更趋齐全。目前微型断路器的安装方式又有了新突破，从螺钉安装到轨道安装，使微型断路器安装更方便；同时母排连接与安装一体技术又被越来越多的微型断路器所采用，提高了生产效率。

5. 剩余电流断路器 RCCB 与 RCBO 的发展

剩余电流断路器 RCCB 与 RCBO 的发展近些年来主要集中在 B 型剩余电流断路器和带自检功能的剩余电流断路器上。新技术的引入和不断突破，不仅使剩余电流断路器的保护性能更加完善、功能更齐全，而且其体积也在不断缩小。小体积 B 型 RCCB 的出现一方面使剩余电流保护性能更加完善，另一方面为今后更广泛的应用打下了基础。带自检功能的剩余电流断路器的诞生是剩余电流断路器家族中的又一发展亮点，这一技术的应用将极大地提高了剩余电流断路器终端使用的安全性和可靠性。

6. 终端组合电器的发展

经过近二十年的发展，终端组合电器的防护外壳大多采用高强度工程塑料，其结构新颖、外形美观、色调明快、外壳防护等级不断提高，从 IP30、IP40 发展到 IP55、IP65。模数化的外形尺寸，使它们既能单独使用，又可组合拼装使用。终端组合电器安装与母排连接越来越多地采用母排连接与安装一体技术，将成为防护外壳的主流结构。

7. 低压电涌保护器 (SPD) 的发展动向

随着电子技术的发展，防雷技术及防雷产品正越来越多地受到各国重视，各国大都推出了完整的系列产品。除了分级产品外，为了方便用户的使用，好多推出了 Ⅰ + Ⅱ 级组合式结构的 SPD，可直接用于 LPZ0 至 LPZ2 的保护，这样不仅能简化安装与接线，还可降低成本。

三、低压电器的选择

1. 选用原则

在电力拖动和传输系统中使用的主要低压电器元件，据不完全统计，我国生产有 120 多个系列，近 600 个品种，上万个规格。这些开关电器具有不同的用途和不同的使用条件，因而也就有不同的选用方法，但是总的要求应遵循以下两个基本原则：

（1）安全原则

使用安全可靠是对任何开关电器的基本要求，保证电路和用电设备的可靠运行，是使生产和生活得以正常进行的重要保障。

（2）经济原则

经济性考虑又可分开关电器本身的经济价值和使用开关电器产生的价值。前者要求选择得合理、适用；后者则考虑在运行中必须可靠，而不致因故障造成停产或损坏设备，危及人身安全等构成的经济损失。

2. 配线原则

（1）明线布线

手工布线时（非模型、模具配线），应符合平直、整齐、紧贴敷设面、走线合理及接点不得松动、便于检修等要求。

① 走线通道应尽可能少，同一通道中的沉底导线按主、控电路分类集中，单层平行密排或成束，应紧贴敷设面。

② 导线长度应尽可能短，可水平架空跨越，如两个元件线圈之间、连线主触头之间的连线等，在留有一定余量的情况下可不紧贴敷设面。

③ 同一平面的导线应高低一致或前后一致，不能交叉。当必须交叉时，可水平架空跨越，但必须属于走线合理。

④ 布线应横平竖直，变换走向应垂直 90°。

⑤ 上下触点若不在同一垂直线下，不应采用斜线连接。

⑥ 导线与接线端了或线桩连接时，应不压绝缘层、不反圈及露铜不大于 1mm，并做到同一元件、同一回路的不同接点的导线间距离保持一致。

⑦ 一个电器元件接线端子上的连接导线不得超过两根，每节接线端子板上的连接导线一般只允许连接一根。

⑧ 布线时，严禁损伤线芯和导线绝缘。

⑨ 导线截面积不同时，应将截面积大的放在下层，截面积小的放在上层。

⑩ 多根导线布线时（主回路）应做到整体在同一水平面或同一垂直面。

⑪ 如果线路简单可不套编码套管。

（2）颜色标志

① 保护导线 (PE) 必须采用黄绿双色线。

② 动力电路的中线 (N) 和中间线 (M) 必须是浅蓝色。

③ 交流或直流动力电路应采用黑色。

④ 交流控制电路采用红色。

⑤ 直流控制电路采用蓝色。

⑥ 用作控制电路连锁的导线，如果是与外边控制电路连接，而且当电源开关断开仍带电时，应采用橘黄色或黄色。

⑦ 与保护导线连接的电路采用白色。

3. 导体的选择

（1）导体的类型应按敷设方式及环境条件选择。绝缘导体除满足上述条件外，还应符合工作电压的要求。

（2）选择导体截面，应符合下列要求：

① 线路电压损失应满足用电设备正常工作及起动时端电压的要求。

② 按敷设方式及环境条件确定的导体载流量，不应小于计算电流。

③ 导体应满足动稳定与热稳定的要求。

④ 导体最小截面应满足机械强度的要求，固定敷设的导线最小芯线截面应符合有关规定。

（3）沿不同冷却条件的路径敷设绝缘导线和电缆时，当冷却条件最坏段的长度超过5m，应按该段条件选择绝缘导线和电缆的截面，或只对该段采用大截面的绝缘导线和电缆。

第五节　电源与灯具的选择

一、电源的选择

电源是将其他形式的能转换成电能的装置。

电源自"磁生电"原理，由水力、风力、海潮、水坝水压差、太阳能等可再生能源，及烧煤炭、油渣等产生电力来源。

常见的电源是干电池（直流电）与家用的 110 ~ 220V 交流电源。

1. 电源 IC 特点

电源 IC 种类繁多，其共同特点有：

工作电压低：一般的工作电压为 3.0 ~ 3.6V。有些工作电压更低，如 2.0V、2.5V、2.7V 等；也有些工作电压为 5V，还有少数 12V 或 28V 的特殊用途的电压源。

工作电流小：从几毫安到几安的都有，但由于大多数嵌入式电子产品的工作电流小于 300mA，所以 30 ~ 300mA 的电源 IC 在品种及数量上占较大的比例。

封装尺寸小：近年来发展的便携式产品都采用贴片式器件，电源 IC 也不例外，主要有 SO 封装、SOT-23 封装、μMAX 封装及封装尺寸最小的 SC-70 及最新的 SMD 封装等，使电源占的空间越来越小。

完善的保护措施：新型电源 IC 有完善的保护措施，这包括输出过流限制、过热保护、短路保护及电池极性接反保护，使电源工作安全可靠，不易损坏。

耗电小及关闭电源功能：新型电源 IC 的静态电流都较小，一般为几十 μA 到几百 μA。个别微功耗的线性稳压器的静态电流仅 1.1μA。另外，不少电源 IC 有关闭电源控制端功能（用电平来控制），在关闭电源状态时 IC 自身耗电在 1μA 左右。由于它可使一部分电路不工作，所以可大大节省电能。例如，在无线通信设备上，在发送状态时可关闭接收电路，在未接收到信号时可关闭显示电路等。

有电源工作状态信号输出：不少便携式电子产品中有单片机，在电源因过热或电池低电压而使输出电压下降一定百分数时，电源 IC 有一个电源工作状态信号输给单片机，使单片机复位。利用这个信号也可以做成电源工作状态指示（当电池低电压时，有 LED 显示）。

输出电压精度高：一般的输出电压精度为 ±2% ~ 4% 之间，有不少新型电源 IC 的精度可达 ±0.5% ~ ±1%；并且输出电压温度系数较小，一般为 ±0.3 ~ ±0.5mV/℃，而有些可达 ±0.1mV/℃的水平。线性调整率一般为 0.05% ~ 0.1%/V，有的可达 0.01%/V；负载调整率一般为 0.3% ~ 0.5%/mA，有的可达 0.01%/mA。

新型组合式电源 IC：升压式 DC/DC 变换器的效率高但纹波及噪声电压较大，低压差线性稳压器效率低但噪声最小，这两者结合组成的双输出电源 IC 可较好地解决效率及噪声的问题。例如，数字电路部分采用升压式 DC/DC 变换器电源而对噪声敏感的电路采用 LDO 电源。这种电源 IC 有 MAX710/711、MAX1705/1706 等。又如，电荷泵 +LDO 的组成，输出稳压的电荷泵电源 IC，如 MAX868，它可输出 0 ～ -2VIN 可调的稳定电压，并可提供 30mA 电流；MAX1673 稳压型电荷泵电源 IC 输出与 VIN 相同的负压，输出电流可达 125mA。

2. 常用电源选择要素

（1）电源类型

首先要确定你选择的是台式机电源还是游戏电源，抑或是小机箱电源、服务器电源、电源适配器电源等等。同时还需确定是模组输出还是宽幅输出、输入电压是 110V 还是 220V、输入电压是否需要宽电压输入等等。

（2）电源输出最大功率

确定你的负载需要的一般功率是多少，一般要求输出功率占总功率的 70% 左右，高一低可以用到 80%，用的余量太小的话电源输出有可能超负荷，电源长期超负荷工作对电源寿命有很大影响，因此首先要确定你所需要的功率。同时还有电压要求、电流要求，是单路还是双路还是多路输出，这些都要考虑进去。

（3）隔离电源还是非隔离电源

电源分为隔离电源和非隔离电源，隔离电源一般都会有变压器，如果是人体直接触摸到的带电部件都是要隔离的电源，而且电压要在安全范围内。

（4）其他

选择合适的电源还要考虑散热问题，考虑电源所处的环境温度，一些电源内部没有风扇或者散热效果不好；价格也是一个考虑的因素，价格太高不划算；是否有过压过流保护；选择电源的时候还要看看是否有认证，如有些电源是带 80PLUS 认证的；看清楚是白金牌还是金牌、银牌、铜牌等，最好买品牌的电源，信得过。

二、灯具的选择

灯具是指能透光、分配和改变光源光分布的器具，它包括除光源外所有用于固定和保护光源所需的全部零部件，以及与电源连接所必需的线路附件。

1. 吊灯

（1）特点

吊灯适合于客厅。吊灯的花样最多，常用的有欧式烛台吊灯、中式吊灯、水晶吊灯、羊皮纸吊灯、时尚吊灯、锥形罩花灯、尖扁罩花灯、束腰罩花灯、五叉圆球吊灯、玉兰罩花灯、橄榄吊灯等。用于居室的吊灯分单头吊灯和多头吊灯两种，前者多用于卧室、餐厅；后者宜装在客厅里。吊灯的安装高度，其最低点离地面应不小于 2.2 米。

① 欧式烛台吊灯

欧洲古典风格的吊灯，灵感来自古时人们的烛台照明方式，那时人们都是在悬挂的铁艺上放置数根蜡烛。如今很多吊灯设计成这种款式，只不过将蜡烛改成了灯泡，但灯泡和灯座还是蜡烛和烛台的样子。

② 水晶吊灯

水晶吊灯有几种类型：天然水晶切磨造型吊灯、重铅水晶吹塑吊灯、低铅水晶吹塑吊灯、水晶玻璃中档造型吊灯、水晶玻璃坠子吊灯、水晶玻璃压铸切割造型吊灯、水晶玻璃条形吊灯等。

市场上的水晶吊灯大多是仿水晶制成的，但仿水晶所使用的材质不同，质量优良的水晶吊灯是由高科技材料制成的，而一些以次充好的水晶吊灯甚至以塑料充当仿水晶的材料，光影效果自然很差。所以，在购买时一定要认真比较、仔细鉴别。

③ 中式吊灯

外形古典的中式吊灯，明亮利落，适合装在门厅区。在进门处，明亮的光感给人以热情愉悦的气氛，而中式图案又会告诉那些张扬浮躁的客人，这是个传统的家庭。要注意的是，灯具的规格、风格应与客厅配套。另外，如果你想突出屏风和装饰品，则需要加射灯。

④ 时尚吊灯

大多数人家也许并不想装修成欧式古典风格，所以现代风格的吊灯往往更受欢迎。市场上具有现代感的吊灯款式众多，供挑选的余地非常大，各种线条均可选择。

（2）选择

消费者最好选择可以安装节能灯光源的吊灯。不要选择有电镀层的吊灯，因为电镀层时间长了易掉色，应选择全金属和玻璃等材质且内外一致的吊灯。

豪华吊灯一般适合复式住宅，简洁式的低压花灯适合一般住宅。最上档次最贵的数水晶吊灯，但真正的水晶吊灯很少，水晶吊灯主要销往广州、深圳等地，北方的销量很小。这也与北方空气的质量有关，因为水晶吊灯上的灰尘不易清理。

消费者最好选择带分控开关的吊灯，这样如果吊灯的灯头较多，可以局部点亮。

2. 吸顶灯

（1）特点

吸顶灯常用的有方罩吸顶灯、圆球吸顶灯、尖扁圆吸顶灯、半圆球吸顶灯、半扁球吸顶灯、小长方罩吸顶灯等。吸顶灯适合于客厅、卧室、厨房、卫生间等处照明。

吸顶灯可直接装在天花板上，安装简易，款式简单大方，赋予空间清朗明快的感觉。

（2）选择

吸顶灯内一般有镇流器和环行灯管，镇流器有电感镇流器和电子镇流器两种。与电感镇流器相比，电子镇流器能提高灯和系统的光效，能瞬时启动，延长灯的寿命。与此同时，它温升小、无噪声、体积小、重量轻，耗电量仅为电感镇流器的 1/3 至 1/4，所以消费者要选择电子镇流器吸顶。吸顶灯的环行灯管有卤粉和三基色粉两种，三基色粉灯管显色性好、发光度高、光衰慢；卤粉灯管显色性差、发光度低、光衰快。区分卤粉和三基色粉灯管，可同时点亮两灯管，把双手放在两灯管附近，能发现卤粉灯管光下手色发白、失真，三基色粉灯管光下手色是皮肤本色。

吸顶灯有带遥控的和不带遥控的两种，带遥控的吸顶灯开关方便，适合用于卧室中。吸顶灯的灯罩材质一般是塑料、有机玻璃的，但现在玻璃灯罩很少了。

3. 落地灯

（1）特点

落地灯常用作局部照明，不讲全面性，而强调移动的便利，对于角落气氛的营造十分实用。落地灯的采光方式若是直接向下投射，适合阅读等需要精神集中的活动；若是间接照明，可以调整整体的光线变化。

（2）选择

落地灯一般放在沙发拐角处，落地灯的灯光柔和，晚上看电视时，效果很好。落地灯的灯罩材质种类丰富，消费者可根据自己的喜好选择。许多人喜欢带小台面的落地灯，因为可以把固定电话放在小台面上。

4. 壁灯

（1）特点

壁灯适合于卧室、卫生间照明。常用的有双头玉兰壁灯、双头橄榄壁灯、双头鼓形壁灯、双头花边杯壁灯、玉柱壁灯、镜前壁灯等。壁灯的安装高度，其灯泡应离地面不小于 1.8 米。

（2）选择

选壁灯主要看结构、造型，一般机械成型的较便宜，手工的较贵。铁艺锻打壁灯、全铜壁灯、羊皮壁灯等都属于中高档壁灯，其中铁艺锻打壁灯销量最好。除此之外，还有一种带灯带画的数码万年历壁挂灯，这种壁挂灯有照明、装饰作用，又能做日历，很受消费者欢迎。

5. 台灯

（1）特点

台灯按材质分陶瓷灯、木灯、铁艺灯、铜灯、树脂灯、水晶灯等，按功能分护眼台灯、装饰台灯、工作台灯等，按光源分灯泡、插拔灯管、灯珠台灯等。

（2）选择

选择台灯主要看电子配件质量和制作工艺，一般小厂家台灯的电子配件质量较差，制作工艺水平较低，所以消费者要选择大厂家生产的台灯。一般客厅、卧室等用装饰台灯，工作台、学习台用节能护眼台灯，但节能灯不能调光。

6. 筒灯

（1）特点

筒灯一般装设在卧室、客厅、卫生间的周边天棚上。这种嵌装于天花板内部的隐置性灯具，所有光线都向下投射，属于直接配光。可以用不同的反射器、镜片、百叶窗、灯泡来取得不同的光线效果。筒灯不占据空间，可增加空间的柔和气氛，如果想营造温馨的感觉，可试着装设多盏筒灯，减轻空间压迫感。

（2）选择

筒灯的主要问题出在灯口上，有的杂牌筒灯的灯口不耐高温、易变形，导致灯泡拧不下来。所有灯具只有通过 3C 认证后才能销售，消费者要选择通过 3C 认证的筒灯。

7. 射灯

（1）特点

射灯可安置在吊顶四周或家具上部，也可置于墙内、墙裙或踢脚线里。光线直接照射在需要强调的家什器物上，以突出主观审美作用，达到重点突出、环境独特、层次丰富、气氛浓郁、缤纷多彩的艺术效果。射灯光线柔和，雍容华贵，既可对整体照明起主导作用，又可局部采光，烘托气氛。

（2）选择

射灯分低压、高压两种，消费者最好选低压射灯，其寿命长一些，光效高一些。射灯的光效高低以功率因数体现，功率因数越大光效越好，普通射灯的功率因数在 0.5 左右，价格便宜；优质射灯的功率因数能达到 0.99，价格稍贵。

8. 浴霸

（1）特点

浴霸按取暖方式分，可分为灯泡红外线取暖浴霸和暖风机取暖浴霸，市场上主要是灯泡红外线取暖浴霸。按功能分，可分为三合一浴霸和二合一浴霸，三合一浴霸有照明、取暖、排风功能；二合一浴霸只有照明、取暖功能。按安装方式分，可分为暗装浴霸、明装浴霸、壁挂式浴霸，暗装浴霸比较漂亮，明装浴霸直接装在顶上，一般不能采用暗装和明装浴霸的才选择壁挂式浴霸。正规厂家出的浴霸一般要通过"标准全检"的"冷热交变性能试验"，即在4℃冰水下喷淋，经受瞬间冷热考验，再采用暖炮防爆玻璃，以确保沐浴中的绝对安全。

（2）选择

浴霸取暖是只要光线照到的地方就暖和，与房间大小关系不大，主要取决于浴霸的皮感温度。浴霸有2、3、4个灯泡的，一般有暖气的房间选择2、3个灯泡的，没有暖气的房间选择4个灯泡的。标准浴霸灯泡都是275瓦的，但低质灯泡的升温速度慢，且不能达到275瓦规定的温度。选择浴霸时，消费者可以站在距浴霸1米处，打开浴霸，感觉一下浴霸的升温速度和温度，升温速度快且温度高的相对好些。

9. 节能灯

（1）特点

节能灯的亮度、寿命比一般的白炽灯泡优越，尤其是在省电上口碑极佳。节能灯有U形、螺旋形、花瓣形等，功率从3瓦到40瓦不等。不同型号、不同规格、不同产地的节能灯价格相差很大。筒灯、吊灯、吸顶灯等灯具中一般都能安装节能灯。节能灯一般不适合在高温、高湿环境下使用，浴室和厨房应尽量避免使用节能灯。

（2）选择

买节能灯要到有保证的灯饰市场，要首选知名品牌，并确认产品包装完整，标志齐全。外包装上通常会对节能灯的寿命、显色性、正确安装位置做出说明。节能灯分卤粉和三基色粉两种，三基色粉比卤粉的综合性能优越，有的商家把卤粉的当成三基色粉的卖，欺骗消费者。

10. 选择配光编辑

（1）灯具选用的原则

照明设计中，应选择既能满足使用功能和照明质量的要求，又便于安装维护、长期运行费用低的灯具，具体应考虑以下几个方面：

① 光学特性，如配光、眩光控制。

② 经济性，如灯具效率、初始投资及长期运行费用等。

③ 特殊的环境条件，如有火灾危险、爆炸危险的环境，有灰尘、潮湿、振动和化学腐蚀的环境。

④ 灯具外形上应与建筑物相协调。

⑤ 灯具效率（η）高：$\eta=\Phi L/\Phi O$，取决于反射器形状和材料、出光口大小、漫射罩或格栅形状和材料。

⑥ 符合环境条件的 IP 等级。

（2）鉴别方法

市场上的灯具产品也是有假货存在的，劣质的灯具产品在使用过程中不仅对人眼视力的损害比较大，而且在使用过程中还存在危险因素，若其质量不过关，出现炸裂等情况是非常危险的。作为消费者需要从哪些方面着手考虑灯具产品质量的好坏呢？

① 材质方面

一般的白炽灯的灯泡口都是白铁的容易生锈，质量较好的灯具一般用铝合金的，不易生锈。

② 灯丝方面

好一点的灯具，都是双钨丝，差的灯具一般采用单钨丝。

③ 亮度方面

对于灯管，因为好灯管是机器一次性涂粉，所以通电后亮度是均匀的；而差的灯管是人工涂粉，亮度不均匀。

④ 价格方面

在购买灯具时不要只图便宜，因为质量和价格肯定是成正比的。

⑤ 认证方面

要看其有无 3C 认证资格，并对其内容进行审核。

⑥ 新旧方面

新颖的产品未必技术成熟，购买时不要只选最新的，而忽略老型号的产品。

第六节 电气自动化设备与安装

一、电气自动化常见设备

1. 微机保护装置

（1）简介

微机保护装置是用微型计算机构成的继电保护，是电力系统继电保护的发展方向（现已基本实现，尚需发展），它具有高可靠性、高选择性、高灵敏度。微机保护装置硬件包括微处理器（单片机）为核心，配以输入、输出通道，人机接口和通信接口等。该系统广泛应用于电力、石化、矿山冶炼、铁路以及民用建筑等。微机的硬件是通用的，而保护的性能和功能是由软件决定的。

（2）运行原理

微机保护装置的数字核心一般由 CPU、存储器、定时器 / 计数器、Watchdog 等组成。目前数字核心的主流为嵌入式微控制器 (MCU)，即通常所说的单片机；输入输出通道包括模拟量输入通道 [模拟量输入变换回路（将 CT、PT 所测量的量转换成更低的适合内部 A/D 转换的电压量，±2.5V、±5V 或 ±10V）、低通滤波器及采样、A/D 转换] 和数字量输入输出通道（人机接口和各种告警信号、跳闸信号及电度脉冲等）。

2. 直流屏

（1）简介

直流屏是一种全新的数字化控制、保护、管理、测量的新型直流系统。监控主机部分高度集成化，采用单板结构 (All in one)，内含绝缘监察、电池巡检、接地选线、电池活化、硅链稳压、微机中央信号等功能。主机配置大液晶触摸屏，各种运行状态和参数均以汉字显示，整体设计方便简洁，人机界面友好，符合用户使用习惯。直流屏系统为远程检测和控制提供了强大的功能，并具有遥控、遥调、遥测、遥信功能和远程通信接口。通过远程通信接口可在远方获得直流电源系统的运行参数，还可通过该接口设定和修改运行状态及定值，满足电力自动化和电力系统无人值守变电站的要求；配有标准 RS232/485 串行接口和以太网接口，可方便纳入电站自动化系统。

（2）工作原理

直流屏可通过监控模块进行系统各个部分的参数设置。模块具有平滑调节输出电压和电流的功能，具备电池充电温度补偿功能；还具有多个扩展通信口，可以接入多种外部智能设备（如电池测试仪、绝缘监测装置等）。

现代电力电子与计算机网络技术相结合，提供对电源系统的"遥测、遥控、遥信、遥调"的支持，实现无人值守。

蓄电池自动管理及保护，实时自动检测蓄电池的端电压、充电放电电流，并对蓄电池的均浮充电进行智能控制，设有电池过欠压和充电过流声光告警。系统采用监控装置，内置绝缘监察、电池检测。

二、电气自动化设备现状

我国在 20 世纪 70 年代就建立了电子设备的可靠性与环境研究试验所，对电子设备的可靠性进行了系统专业的长期研究。在 1984 年组建了统一的电子设备安全可靠性信息交换网，并且颁布了《电子设备可靠性预计手册》，不断地推动我国电子设备安全工作。人们的生活与电子设备有着较大关联，调查发现，只有设备可靠性高的电气自动化产品才会受到关注，这就意味着我国的电气设备市场竞争十分激烈。

电气自动化设备的安置环境是十分重要的，气候条件、空气湿度、电磁干扰都与电气自动化设备的运行有关联，温度过高会使设备周转不灵，温度过低又会冻结设备，气压高低也会对电气自动化设备产生影响。但是在设备安置方面我国大多数厂商、研发机构做得仍然不够好，对于设备安放环境要求不够严格，这大大降低了设备的使用寿命和安全性能。另外，电气自动化方面没有做到高层次的自动化，很多电气自动化设备需要很多的劳动力来完成，自动化程度低说明科技研究还有很大的提升空间。电气自动化设备是由多个元件组合而成的，生产厂商各不相同，导致质量参差不齐，价格也没有明确的定位。市场上的恶性竞争导致质量得不到保障，设备安全可靠性能低，使用寿命也有所降低。

总的来说我国的电气自动化设备现状是不乐观的，要想加强可靠性能，就要一一解决这些问题。

三、提升电气自动化设备的可靠性

1.提高产品设计的可靠性

产品的质量可以说直接影响了电气自动化设备的可靠性，产品的质量是从设计时就开始涉及的，而不单单只是制作过程中需要注意的问题。产品的设计阶段是产品的开始，也是产品的核心部分。如果产品的设计出了漏洞，产品在使用中肯定会出现问题，在这种情况下就要求制订出科学合理的设计方案，产品的结构、内部设计都需要严谨的思考和缜密的选择，对于产品成本、元件质量选择、重量都要考虑周到。

因此，应在设计阶段进行周密的思考，选择合适的材料降低成本、提高产品质量、加强设备的可靠性。

2. 提高部件选择的可靠性

设备中的部件零零散散，在部件的选择上就要慎重，要选择正规厂家生产的零部件，保证设备的精确度和使用性能；在部件需要更换时，能及时找到正规合适的部件来替代，从细节上提高设备的实用性和可靠性。材料的购买要有保障，不能因为市场的恶性竞争就失去原则去购买不合格的材料。

总的来说，保证电子元件的合理选择是提高电气自动化设备可靠性的主要方法之一。

3. 提高使用过程的可靠性

使用过程包括环境的选择、设备的操作、设备的保养及维修。环境的选择相当重要，选择合适的气温、气压及湿度是避免产品出现故障的有利条件。温度是影响设备质量的最广泛的因素，散热器对于电气自动化设备是十分重要的，大功率半导体就要装在散热器上。在设备的操作过程中，要对设备进行系统的了解，掌握好每一个细节部分，减少操作中出现的漏洞。定期对设备进行检查，防止意外不经意地发生而造成巨大损失。

以上分别从提高产品设计的可靠性、提高部件选择的可靠性、提高使用过程的可靠性三大方面介绍了提升电气自动化设备可靠性的途径。

四、电气自动化设备安装

1. 电气自动化设备安装与维修的概念

电气自动化设备安装与维修主要是指设备的装配，程序的编辑、试验和维护修理工作。电气自动化设备的课程种类繁多，主要有相关仪器设备的故障检查维修、电路设备的调试和装配、设备与电力一体化的安装调试等。培养目标与时俱进，培养与时代相呼应的新型技术人才，需要熟练掌握电气方面的相关专业知识技能，具有一定的动手能力，能够准确操作相关专业仪器设备，而且具有吃苦耐劳精神的高级技术人才。

2. 电气线路安装维护的具体措施

（1）工作前要求

① 工作人员应穿戴工作服，佩戴安全帽，持证上岗，熟悉自己的工作责任，知道自己的职责，了解相应的工作方法，确保施工的安全性，了解对应的工作流程。相关设备和所需工具要提前准备，根据《电气安全工作规程》和技术要求来准备前期工作。

② 要检查清理现场，检查绝缘用具是否安全可靠，防止损坏物品和伤人。

（2）工作中要求

不准带电检修、搬迁电气设备设施，必须带电检修和搬迁的报总工程师批准；需要设定专业人员来控制电的停送，要经过相应的联系后进行工作操作；检修或搬迁前，必须切断电源，并用同电源电压相适应的验电器检验，检查环境处于无电状态时，才可以安全放电，放电之前应将放电环境周围的沼气浓度降到 1% 以下才可以放电。在断电后所有门的开关把手都应处于关闭状态，并悬挂"有人作业，不准送电"牌。相关工作人员送电时，方可取下此牌。停送电时，要先停负荷开关，后停隔离开关，要看一下是否真正断开电源，送电的顺序与停电恰好相反，关开关时腰侧过身子来拉开关，要眼疾手快，不得犹犹豫豫，而且不要面对开关来停送电；电缆接地芯线严禁甩掉不用或做它用，使用拉线开关控制小型电气时，要控制火线。变压器油桶必须做到明显标记，不准混用；登杆作业时，执行登杆高空作业规程；运载相应的设备原料时，必须按规定办事；必须使相关设备符合国家出台的相应标准，防爆电气设备必须检验其安全性后，才能顺利工作，不得使用没有合格证的三无产品；电气设备的短路、过负荷无压释放、检漏继电器等保护装置严格执行《电气安全工作规程》中的各项规定；井下电缆敷设和使用，照明和信号的安装，电气设备及系统的保护接地，执行《电气安全工作规程》及《保护接地装置的安装、检查、测定细则》各项规定；电气设备的检查维护修理和调整遵守《电气安全工作规程》的规定。

3. 操作电气设备，必须遵守下列规定

不是相关技术工作人员不得操作设备，设备要有专人监护，违反者依照相关条例处罚；接触高压电等危险电器设备时，相关人员必须做好防护措施，避免触电产生不必要的人身财产损失；操作千伏级电气设备主回路时，操作人员必须戴绝缘手套或穿电工绝缘靴；127V 手持式电气设备的操作手柄和工作中必须接触的部分，应有良好的绝缘性；检漏继电器的安装、使用、维护要遵照《漏继电器安装、运行、维护与检修细则》执行；设备检修完后，必须清理好现场，拆除放电线和接地线，做耐压试验的设备，必须接地放电。

4. 机床电气设备安装与维修

（1）要做好机床电气设备的维修工作必须有一定的理论基础

此专业需要的人员必须是具备良好专业素养的人才，懂得电力电子方面的专业技术。电工这种职业与其他职业不同，需要大部分的理论指导才能操作，没有理论的知识就无法正常进行工作。在真正的工作当中，理论比实践更重要，需要大量运用专业知识解决问题，一旦找出故障点，修复是比较简单的。如果专业知识储备达不到要求，有再多的实践经验也是没有用的。

（2）机床电器故障的分类

① 自然故障：在电器的正常运作过程中，会出现一些问题，如机械运作时的大幅度振荡，可能由于底部不稳或者内部零件脱落等问题；电弧的烧损，运作时间过长会有部分磨损损耗，受温度和湿度影响，也会使机械出现老化现象；一些不可抗拒的因素，如受有害物质的侵蚀，会使机械出现生锈等现象；同时不排除原件本身存在的质量问题，自然寿命较短的问题等。上述所说的原因只是一小部分，可能还会有其他这样那样的问题来影响

电器的正常工作状态。所以要加强对机床电器的维护，避免出现以上所谈的问题，不能认为机器的故障是一定会发生的而不去好好维护，应该在平时就做到爱护机器，以免由于工作人员的疏忽大意而造成不必要的损失，要定期保养维护，定期进行检修工作。

② 人为故障：机床在工作状态下，由于受到不应有的机械外力的破坏或因操作不当、安装不合理而造成的故障，也会使机床损坏，出现故障，严重时会对工作人员的生命造成威胁。上述两类故障又可分为两种不同的故障特征。

A. 故障能够被检修人员一眼看出，有明显的特点，容易被肉眼发现。例如，电器等设备出现过热现象、同时伴有焦臭味的烟雾、严重时会大量冒出火花、现象恐怖。以上现象出现在电动机、继电器的绕组过载，绝缘击穿，短路或接地不良的时候。在修理过程中，不仅要更换所损坏的零件进行完整的修复，还要找到和解决引起故障的原因，消除隐患，避免故障的再次发生。

B. 故障的表面特征不明显，不能很快看出。这类故障是控制电路的主要故障，电气设备的线路或其中零件的调整组装不当，使机器运作时失灵、接触不良甚至接触脱落等，甚至是内部元部件损坏、接触连接线断裂等原因造成的肉眼无法判断的故障。线路越复杂出现这类故障的机会就越多。此故障不可避免，而且发生频率很高，由于很难用肉眼辨别，所以想要找出故障发生的原因，需要一定的时间，有时还需要借助各类仪器仪表才能找出故障点，一旦找出故障，就能在短时间内得到修复。

第五章　带电作业

第一节　带电作业

带电作业是指在高压电气设备上不停电进行检修、测试的一种作业方法。电气设备在长期运行中需要经常测试、检查和维修。带电作业是避免检修停电，保证正常供电的有效措施。带电作业的内容可分为带电测试、带电检查和带电维修等几方面。带电作业的对象包括发电厂和变电所电气设备、架空输电线路、配电线路和配电设备。带电作业的主要项目有：带电更换线路杆塔绝缘子、清扫和更换绝缘子、水冲洗绝缘子、压接修补导线和架空地线、检测不良绝缘子、测试更换隔离开关和避雷器、测试变压器温升及介质损耗值。

一、分类

带电作业根据人体与带电体之间的关系可分为三类：等电位作业、地电位作业和中间电位作业。

等电位作业时，人体直接接触高压带电部分。处在高压电场中的人体，会有危险电流流过，危及人身安全，因而所有进入高压电场的工作人员，都应穿全套合格的屏蔽服，包括衣裤、鞋袜、帽子和手套等。全套屏蔽服的各部件之间，须保证电气连接良好，最远端之间的电阻不能大于 20Ω，使人体外表形成等电位体。

地电位作业时，人体处于接地的杆塔或构架上，通过绝缘工具带电作业，因而又称"绝缘工具法"。在不同电压等级电气设备上带电作业时，必须保持空气间隙的最小距离及绝缘工具的最小长度。在确定安全距离及绝缘长度时，应考虑系统操作过电压及远方落雷时的雷电过电压。

中间电位作业是通过绝缘棒等工具进入高压电场中的某一区域，但还未直接接触高压带电体，是前两种作业的中间状况。因此，前两种作业时的基本安全要求，在中间电位作业时均须考虑。

1.通过人体的电流必须限制到安全电流 1mA 或以下。

2.必须将高压电场电流限制到人身安全和健康无损害的数值内。

3. 工作人员与带电体间的距离应保证在电力系统中发生各种过电压时，不会发生闪络放电。在进行带电工作时，人身与带电体间的安全距离不得小于《电业安全工作规程》中的规定。

4. 对于比较复杂、难度较大的带电作业，必须经过现场勘察，编制相应操作工艺方案和严格的操作程序，并采取可靠的安全技术组织措施。

5. 带电作业人员必须经过专项培训，持证上岗（带电作业证、安全工作证）。

6. 作业前召开班前会，工作负责人向工作班成员进行"三交代""三检查"，对工器具进行必要的检查和检测。

7. 严格履行工作许可手续，未经许可工作班成员不得进入施工作业现场。

8. 进入现场，工作班成员应根据作业项目穿戴相应的劳动防护用品（如工作服、安全帽、屏蔽服、绝缘服、静电服），携带合格的工器具。工作班成员、工作负责人、专职监护人应佩戴标志。

9. 带电作业停用重合闸工作。按规程规定的中性点有效接地的系统中有可能引起单相接地的，中性点非有效接地系统中有可能引起相间短路的，工作票签发人或工作负责人认为需要停用重合闸作业的，必须停用重合闸，并不得强送电。

10. 杆上作业时正确使用安全带，站位准确，按规程要求与带电体保持足够的安全距离。

11. 带电检测绝缘子必须按规程规定进行操作。

12. 杆塔上有人工作，地面人员不得在下方逗留。在人口稠密、交通情况复杂地段作业时，应设置围栏和警示，专人看守和监护，上下传递工器具必须使用绝缘绳。

13. 带电作业必须设专人监护。高杆塔上的作业应增设塔上监护人，监护人不得直接操作。

14. 带电作业过程中如设备突然停电，作业人员应视设备仍然带电，工作负责人应尽快与调度取得联系。

15. 带电作业应按规定在良好的天气下进行，如果在特殊情况或恶劣天气下进行事故抢修，应采取可靠的安全措施，经领导批准后方可进行。

16. 带电作业人员在作业中严禁用酒精、汽油等易燃物品擦拭零部件，防止起火。

17. 进入等电位（悬挂）作业，登高人员必须携带合格的保险绳。

18. 带电作业攀登软梯时，应设防止高处坠落的保护措施。

19. 在 10 ～ 35kV 电压等级的带电设备上进行作业时，为保证足够的安全距离，必须采取有效的绝缘遮蔽、绝缘隔离措施。夜间作业时，必须有足够的照明。

20. 在 10 ～ 220kV 电压等级的电气设备上进行带电短接、引流工作时，必须按相关规定选择设备材料，并按规程操作。

21. 使用绝缘斗臂车作业前，应检查液压各操作部件的完好状况，液压系统的油压是否符合作业规定。更换液压油，必须做电气试验。

22. 绝缘斗臂车操作人员应经专项培训，持证上岗，严格按绝缘斗臂车的有关规定进行操作。

23. 工作结束后，认真清理杆塔上的遗留物，并将工器具装入专门使用的工具袋或工具箱，防止受潮、碰撞和损伤。工作负责人向调度汇报，办理工作终结手续。

二、要求与防护措施

1. 要求

（1）流经人体的电流不超过人体感知水平 1mA。

（2）人体体表场强不超过人的感知水平 2.4kV/cm。

（3）保证可能导致对人身放电的那段空气距离。

2. 防护措施

（1）对于 220V 线路杆塔及变电所构架上进行间接作业时（人处于大地电位作业包括杆塔紧螺丝工作）应穿导电鞋，将电场引起的人体电流（暂态及稳态）限制在 1mA 以下。

（2）在超高压输变电设备上进行等电位作业及采用中间电位法的作业必须穿合格的全套屏蔽服，并注意各部连接可靠，作业中不允许脱开。

（3）攀登 500kV 杆塔构架时，人体的静电感应是很强的，为防止人体受电场及电磁波的影响，一定要穿全套屏蔽服作业。屏蔽服分 Ⅰ、Ⅱ 型，500kV 使用 Ⅱ 型屏蔽服，使人体的体表场强限制在 15kV/m 以下，流经人体的电流不大于 50μA。

（4）间接作业时保证与带电体的安全距离（空气间隙）足够大。

（5）间接作业使用的绝缘工具合格，绝缘电阻大于 700M 欧姆每 2 厘米。

三、绝缘用品

1. 绝缘帽

普通安全帽的绝缘特性很不稳定，一般不能在带电作业中使用。带电作业用的绝缘安全帽，采用高密度复合聚酯材料，除具有符合安全帽检测标准的机械强度外，还应完全符合相关配电带电作业电气的检测标准，其介电质的强度通过 20kV 检测试验。

2. 防护眼镜

10kV 带电作业通常以空中作业为主，因此眼部的保护十分重要。正确使用安全防护眼镜能够避免阳光刺激及有效地预防铁屑、灰沙等物因飞溅而引起对眼部击伤的危险，还可防烟雾、化学物质对眼部的刺激，同时能防止水蒸气的凝聚对视线的影响。

3. 绝缘衣

（1）采用 EVA 材料，绝缘性能好，机械强度适中。

（2）柔软轻便，穿着舒适。

（3）每件产品出厂前均经过严格测试。

（4）提供全面的绝缘保护。

4. 绝缘手套

绝缘手套是带电作业中作业人员最重要的人身防护用具，只要接触带电体，不论其是否在带电状态，均必须戴好绝缘手套后作业。绝缘手套应该兼备高性能的电气绝缘强度和机械强度，同时具备良好的弹性和耐久性、柔软的服务性能，将手部的不适应感和疲劳降低到最低限度。

5. 保护手套

柔软的皮革手套只作为绝缘手套的机械保护，防止绝缘手套被割伤、撕裂或刺穿，不可单独用做防止电击的保护。皮革保护手套需用专用皮革制作，在提供足够的机械强度保护的同时，还具备良好的服务性能，尺寸与绝缘手套相符，其开口顶端与橡胶绝缘手套的开口顶端保持最小清除距离。

6. 绝缘裤

（1）采用 EVA 材料，绝缘性能好，机械强度适中。

（2）柔软轻便，穿着舒适。

（3）每件产品出厂前均经过严格测试。

（4）背带式设计。

7. 绝缘靴

绝缘靴（鞋）是 10kV 配电网带电作业时使用的辅助绝缘安全用具，除具备良好的电气绝缘性外，还必须具有一定的物理机械强度，防止刺穿或磨损。长筒绝缘靴配合绝缘裤使用，可提供全面的人身绝缘安全保护。绝缘靴由天然脱蛋白弹性橡胶制成，具有穿着舒适，穿脱容易的优点。

8. 带电作业有特殊要求

带电作业工器具在工作状态下，承受着电气和机械双重荷载的作用。工器具质量的好坏直接关系作业人员和设备的安全。因此，带电作业工器具应安全可靠、结构合理、有足够的强度、工艺先进、轻便灵活，雨天作业和水冲洗工器具，还应选用泼水性较好的工具。

四、发展趋势

1. 带电作业的发展及其趋势

中国的带电作业，始于 20 世纪 50 年代。中国带电作业的辉煌历程中有三个高峰时期，第一个高峰时期：从 1954 年到 1970 年。经历了半个多世纪内部和外部的战争，以及朝鲜战争后，中国处于国民经济百废待兴、经济技术落后以及敌对势力封锁的状态，正是在这种情况下带电作业迅速地发展起来。第二个高峰期：从 20 世纪 70 年代后期到 80 年代中期。"十年动乱"刚刚结束，中国的国民经济处在崩溃的边缘，使带电作业有了新的局面，带电作业队伍迅速扩大，作业次数大大增加，工具利用率大幅度提高，同时也为这个时期的国民经济恢复和发展提供了有力的电力供应。第三个高峰时期：从 20 世纪 80 年代初期到 90 年代中期，大机组、高电压、大电网、长距离输电开始发展，500kV 输电设施开始慢慢建设和投入运行。目前，500kV 超高压紧凑型输电线路、750kV 超高压输电线路的带电作业实验研究已经完成，能够在线路上进行实际操作。中国现在进行着 1000kV 特高电压输电线路的建设，我国的带电作业技术水平与世界上其他国家相比，在作业方法的多样化、作业工具的轻巧化、应用的广泛程度上，都在世界的前列，而且中国的带电作业独具特色。

从世界范围来看，带电作业除继续进行日常带电作业以外的项目，还有向两个方向发展的趋势：一是特高压输电线路、紧凑型线路、超高压同杆多回输电线路、超高压直流输电线路的发展，对特高压、超高压带电作业提出的新问题，需要研究相对应的安全操作方法、配套设备和人身安全的防护设备；二是对供电可靠性的要求越来越高，在配电网中带电作业不仅可以提高供电的可靠性，减少断电的范围和时间；还具有明显的经济效益。配电网带电作业已经在世界范围内得到广泛的开展。

2. 带电作业关键技术研究进展

（1）输电线路带电作业

最小安全间距、最小组合间隙、绝缘工具最小有效绝缘长度等是输电线路带电作业的关键技术参数，其中最小安全间距主要是依据带电作业的危险系数确定的，结合带电作业过电压水平和间隙试验结果进行概率计算并且必须校正海拔，带电作业的危险率必须 $< 10 \sim 5$。此外，还要综合考虑线路杆塔结构、系统参数、实际作业位置、线路走廊海拔高度等多种因素来准确确定输电线路带电作业关键技术参数，获取数据时还要利用准确的方法来试验。

（2）配电线路带电作业

电力系统通过配电线路实现对电力用户输送电能的目的，其是直接面向电力用户的电力基础设施。由于全国各地的各个行业和人们的日常生活都需要用到电力能源，因此配电线路具有覆盖面广、构建网络复杂等特性。同时，根据各个区域地理环境的不同，配电线路的带电作业条件也不同。配电线路带电作业主要的技术方法包括绝缘杆作业法、机械臂作业法、综合不停电作业法等，应综合考虑配电线路的具体情况采用适宜的带电作业方法。

配电线路带电作业是增强供电可靠性的主要途径之一，主要包括带电更换电力设备与元件以及修补各种破损的线路。例如，更换绝缘子、熔断器等，修补接引线、导线等，以提高电力设备及线路的使用效能，保障电力系统稳定、有序的供电服务。另外，我们还需要注意配电线路的带电作业需要在配电设备密集的区域工作，狭小的空间间隙增加了作业人员同时触及不同电位电力设施的概率。因此在配电线路带电作业范围内，作业人员进行直接作业或间接作业时必须穿戴绝缘防护用具，根据带电作业时最大过电压水平确定作业间隙及绝缘工具的绝缘水平，有效防止作业时击穿与闪络事故。

（3）带电作业标准体系和仿真培训

带电作业标准体系的分析与研究主要是针对超高压线路带电作业专项技能的培训，包括超高压带电作业基础理论知识、技术特征、安全操作规范及技术要求等理论知识的培训；还要选择典型作业项目，结合示范与训练的方式有效提升作业人员的专业技能。

目前，带电作业还开展了充分结合多媒体、虚拟现实技术与带电作业技术的仿真培训，采用以计算机技术为核心的虚拟现实技术生成逼真的三维环境，仿真真实的带电作业环境。基于是 Quest3D 虚拟现实开发平台，利用 3dsMax、photoshop 和 zbrush 构建模型场景利用 mySQL 数据库存储和管理数据，利用 VC++6.0 编程来实现场景的显示、场景的漫游、培训过程的演示，模拟操作典型的带电作业项目，快速查询带电作业资料，并高效管理培训工作。

3. 带电作业关键技术的发展趋势及研究方向

（1）带电作业工具

带电作业工器具的研究主要集中在以下几方面：①为了深化机械强度及绝缘性能，应深入开展高强度柔性绝缘材料的技术研究，研制软质柔性绝缘吊拉工器具；②为了增强带电作业现场环境下的绝缘性能，保障作业人员及运行设备的安全应加大耐候性能更强的现代化带电作业软、硬质绝缘材料的研究力度；③加快承载等电位电工进出高电位的轻型化、机械化装置的研制；④结合超高压线路长串绝缘子形式特点，加强机械化、智能化长串绝缘子检测设备的研制。

（2）配电网带电作业

配电网带电作业主要的研究方向有加强推广和应用城市电网不停电作业法，对不停电作业项目的深入拓展；对不同工况下过电压与过电流的分析与研究；深入研究标准化、便捷化的不停电作业工具与设备以及程序化的带电作业步骤，提高不停电作业的效率和质量。

（3）变电设备的带电清洗

变电设备的带电清洗作业要综合分析变电站内绝缘设备的积污特点、参数特性，因此变电设备带电清洗的深入研究包括高绝缘性能清洗材料、智能化与自动化带电清洗装置、系统性的安全技术操作规范等众多方面，应优化应用变电设备带电清洗技术。

第二节　变电常规带电作业

一、绝缘子检测

1. 分类

绝缘子测试是指测量绝缘子低值或零值。运行中绝缘子的检测可分为定性检测与定量检测。

（1）定性检测，即检测绝缘子是否低值或零值，常用的定性检测方法有火花间隙法。

（2）定量检测，即检测绝缘子上的分布电压，根据分布电压曲线来判断绝缘子是否良好；或者测定绝缘子上的温度，根据相邻绝缘子的温差值来判断绝缘子是否良好。常用的定量检测法有分布电压检测法、红外热成像检测法。

2. 绝缘子检测

绝缘子检测又称"绝缘子测试"，现有的测量绝缘子低值或零值的仪器有绝缘子检测仪，又称"绝缘子测试仪"。

绝缘子检测仪又被称为：绝缘子测试仪、绝缘子测量仪、绝缘子测零仪、零值绝缘子检测仪、零值绝缘子测试仪、零值绝缘子测量仪、绝缘子带电测试仪、绝缘子零值测试仪、绝缘子零值测量仪、绝缘子零子检测仪、绝缘子带电测量仪、绝缘子带电检测仪、绝缘子电压分布测量仪、绝缘子电压分布检测仪、绝缘子电压分布测试仪、劣质绝缘子测试仪、劣质绝缘子测量仪、劣质绝缘子检测仪、绝缘子检测仪、绝缘子测零。

二、绝缘子清扫

（1）带电水冲洗：有大水冲和小水冲两种方法。冲洗用水、操作杆有效长度、人与带电部距离等必须符合《电气安全工作规程》的要求。

（2）停电清扫：就是在线路停电以后工人登杆用抹布擦拭。如擦不净时，可用湿布擦，也可以用洗涤剂擦洗，如果还擦洗不净，则应更换绝缘子或换合成绝缘子。

（3）不停电清扫：一般是利用装有毛刷或绑以棉纱的绝缘杆，在运行线路上擦绝缘子。所使用绝缘杆的电气性能及有效长度、人与带电部分的距离，都应符合相应电压等级的规定，操作时必须有专人监护。

三、带电水冲洗

1. 带电水冲洗的一般规定

带电水冲洗就是在高压设备正常运行的情况下，利用电阻率不低于 1.5kΩ/cm 的水，保持一定的水压和安全距离等条件，使用专门的泵水机械装置，对有污秽的电气设备绝缘部分进行冲洗清污的作业方法。因绝缘子脏污而发生绝缘子闪络是电力系统中常见的一种事故。为防止绝缘子污闪，可以在不停电的情况下用压力水冲洗绝缘子，使其经常保持清洁。

（1）带电水冲洗一般应在良好天气时进行。风力大于四级，气温低于零下3℃，雨天、雪天、雾天及雷电天气不宜进行。带电水冲洗对气候有一定要求，当风力大于四级时，冲洗的水线在脏污处飞溅较厉害，污水在瓷裙沟里不易迅速下流。特别是在北方沙尘大的地方，不待瓷瓶干燥，沙尘可能又已落上，复又形成脏污。当气温低于零下3℃时，水对脏物的溶解力已弱，绝缘子上脏污本身粘着易僵固化，影响冲洗效果，甚至无法工作。在雨天和落雾天气，不仅设备绝缘明显下降，易发生对地闪络，而且给冲洗用绝缘工具的安全防护也带来了困难。在雷电天气，若设备上落雷或雷电波传入，或雷电感应过电压，则对设备及作业都将带来危害。

（2）带电水冲洗作业前，应掌握绝缘子的脏污情况，当盐密度大于临界盐密度的规定时，一般不宜进行水冲洗；否则，应增大水阻率来补救。避雷器及密封不良的设备，不宜进行水冲洗。污秽强度又称盐密度，即受外部环境污染而附着在电气设备绝缘表面每单位面积上的烟灰、水泥尘埃及化工物资等污物的质量数，用以衡量绝缘的脏污程度，其单位为 mg/cm²。电力生产实践及研究表明，污秽强度对污闪电压的影响比较大。绝缘子表面每单位面积上的污秽量越大，其表面的电导也越大，发生污闪的危险性就越大。带电水冲洗是清除瓷质绝缘表面污秽有效和实用的方法。作业时必须切实保证人身和设备安全，要求作业过程中出现操作过电压时，分布在水粒、水管和操作杆上的电压不致对人身构成威胁，同时测量操作人员操作握柄处的泄漏电流不超过 1mA。在这样的前提下进行水冲洗，当绝缘子按普通型和防污型区分，且两种类型爬电比距（单位泄漏距离，即绝缘在临界闪络状态时，每千伏电压所需的泄漏距离）均为定值时，冲洗用水的电阻率必然随着绝缘子盐密度的增加而对应地增加。临界盐密度是指当爬电比距一定，泄漏电流按规定不超过 1mA，水电阻分别为不同值时所能允许的盐密度的最大值。

进行带电水冲洗作业前，应掌握绝缘子的污秽状况，从水枪出口处取水样测量水的电阻率。如果水电阻率达不到规定值，应设法增大所用水的电阻率，否则泄漏电流可能超过标准值。

（3）带电水冲洗用水的电阻率一般不低于 1500Ω/cm，冲洗 220kV 变电设备时，水电阻率不应低于 3000Ω/cm。每次冲洗前都应用合格的水阻表测量水电阻率，应在水柱出口处取水样进行测量。例如，用水车等容器盛水，每车水都应测量水的电阻率。水电阻率的高低对保证作业人员的人身安全及设备安全都有很大关系。这种影响主要表现在对水柱的绝缘程度上,因而直接牵涉水柱的工频放电电压。各种水柱长度(0.6m、1.0m、1.4m、1.8m)的工频放电电压表明,在水电阻率从较低值起始增加阶段,工频放电电压增长缓慢。所以,电阻率在低值一定范围内变化时,对工频放电电压有明显影响,故《电业安全工作规程》规定水电阻率一般不得低于 $1500\Omega/cm$;变电设备因距离限制及重要性的提高,水电阻率不得低于 $3000\Omega/cm$。对水冲洗用的水质必须严格掌握,要求用合格的水阻表从水枪出口处取水样,对每一车(箱)水都要先测量水电阻率。当水电阻率达不到要求时,可增加水柱高度、提高水柱工频放电电压,从而弥补因水电阻率降低使其工频放电电压降低的影响。

(4)以水柱为主绝缘的大、中、小型水冲洗工具(喷嘴直径为 3mm 及以下者称小水冲;直径为 4～8mm 者称中水冲;直径为 9mm 及以上者称大水冲),其水枪喷嘴与带电体之间的水柱长度不得小于有关的规定。大、中型水冲水枪喷嘴均应可靠接地。

带电水冲洗工具以水柱作为主要绝缘,而引水管和绝缘操作杆作为辅助绝缘。水柱是承受电压的关键,但水柱的绝缘主要取决于水柱长度;同时,水枪喷嘴直径对绝缘也有较大影响。试验和实践证明,当水电阻一定时,水柱放电电压随水柱长度的增加而增加,对于不同喷嘴直径的水枪,其水柱放电电压也随水柱长度的增加而增加,但增长速度(斜率)不同。对于喷嘴直径不大于 3mm 的小型冲洗工具,当水柱长度大于 1m 至一定范围内,放电电压与水柱长度呈线性增长;而喷嘴直径大于 3mm 的中、大型水冲洗工具,其放电电压与水柱共同增长,放电电压增长速度要低得多。当水柱长度、水电阻率为固定值时,水柱放电电压随喷嘴直径增大而降低,各种直径喷嘴的水柱放电电压下降的斜率各有不同。大直径者比小直径者放电电压要低,由此可见,水柱长度对放电电压起主要作用。

为了保证带电水冲洗作业人员的人身安全,《电业安全工作规程》规定了喷嘴与带电体之间的水柱长度。

(5)由水柱、绝缘杆、引水管(指有效绝缘部分)组成的小水冲洗工具,其结合绝缘应满足如下要求:

① 在工作状态下应能耐受相关试验电压。

② 在最大工频过电压下流经操作人员人体的电流应不超过 1mA,试验时间不少于 5min。

(6)利用组合绝缘的小水冲工具进行冲洗时,冲洗工具严禁触及带电体。引水管的有效绝缘部分不得触及接地体。操作杆的使用及保管均按带电作业工具的有关规定执行。因为水柱、操作杆及引水管在地面的有效绝缘部分分别为其组合绝缘的一部分,在进行水冲洗作业时,应采取相对措施,保持规定的水柱长度,严禁冲洗工具接触带电体,引水管的有效绝缘部分不能与接地体接触,以防该绝缘被短接造成全部工作电压加在水柱和引水管上,瞬间的扰动会产生电压冲击,导致绝缘闪络而发生事故。

(7)带电冲洗前应注意调整好水泵压强,使水柱射程远,且水流密集。当水压不足时,不得将水枪对准被冲的带电设备。冲洗用水泵应良好接地。

带电水冲洗时，水柱压强及水线状态对冲闪电压有明显影响。水柱冲到绝缘子表面的压强直接关系污秽能否被迅速冲掉，绝缘能否迅速恢复及表面溅湿状况。因此冲洗作业前应调整水泵保持适当压强［可选择 $(1.47 \sim 1.77) \times 106Pa$］使水柱射程远，水流密集，水线状态集中。这样不仅可以保证去污力强及冲洗效果好，而且可以提高单位时间内的射流速度，水柱长度也相对地有所增加。此时，沿水线上电压分布趋于均匀，因而冲闪电压高。当水压降低时，水线呈分散状态，空水线周围的空气间隙上电位分散。如果水线中空气泡过大，可能出现先导放电现象而导致绝缘闪络。因此，在带电水冲洗之前必须调整水压，使冲洗水柱呈最佳状态。

（8）带电水冲洗应注意选择合适的冲洗方法。直径较大的绝缘子宜采用双枪跟踪法或其他方法，并应防止被冲洗设备表面出现污水线。当被冲洗绝缘子未冲洗干净时，水枪切勿强行离开，以免造成闪络。合适的带电水冲洗方法是根据客观条件和设备的运行状况决定的。一定电压等级的设备，相应地确定了该设备绝缘的有效长度和型号等。一定形式的带电水冲洗都要求水柱密集，冲闪电压高，绝缘溅湿面小，泄漏电流不超过 1mA。在这一前提下，稳定的水冲压力、水线长度，冲洗所适应的范围也是一定的。选择冲洗方法时，要注意从总体上进行技术论证，慎重考虑现场活动区域和场所，根据设备脏污程度、绝缘盐密度大小、绝缘直径等因素比较确定。对于直径较大的设备绝缘采用单枪冲洗时，由于其弧形面积极大，其脏污溅湿面积相对较大，不待一个点冲洗干净，周围其他溅湿处已扯弧或冒烟，一支枪四顾不暇，脏水下流成线状也不易被控制，沿面放电闪络就可能形成。因此，在实践中一般均采用双枪跟踪的方法，两支枪同时进行冲洗，其中一支为主冲，另一支辅助配合。这样既提高了冲洗速度，避免了污水线的出现，又解决了单枪冲洗时水枪离不开的问题。双枪跟踪冲洗方法是高电压等级大直径绝缘子冲洗的良好方法。

（9）带电水冲洗前要确知设备的绝缘是否良好。有零值及低值的绝缘子及其瓷质裂纹时，一般不可冲洗，冲洗将引起绝缘子表面绝缘状态和沿面闪络电位梯度的改变。由于低、零值绝缘子及瓷质有裂纹的绝缘子的绝缘性已经降低，且结构已出现变化，当水污浸湿时，强电场作用下瓷质裂纹处绝缘变化将更加显著。因此，在冲洗前应进行检测，确定设备绝缘状态是否良好。当发现绝缘子的绝缘性能降低时，应先更换后再考虑其他工作。如无可信的技术鉴定手段，则不应对破损和低值绝缘子进行带电水冲洗。

（10）冲洗悬垂绝缘子串、瓷横担、耐张绝缘子串时，应从导线侧向横担侧依次冲洗；冲洗支柱绝缘子及绝缘瓷套时，应从下向上冲洗。

（11）冲洗绝缘子时应注意风向，必须先冲下风侧，后冲上风侧，对于上、下层布置的绝缘子应先冲下层，后冲上层，还要注意冲洗角度，严防临近绝缘子在溅射的水雾中发生闪络。不同的冲洗顺序将出现不同的绝缘表面状态，对闪络电压发生影响。一种是按顺序从下向上或从导线侧向外递层洗净，冲洗溅湿面最小，不使其他脏物层被淋湿；另一种是从上向下冲洗，不待上层脏物冲洗干净就已将部分绝缘表面渗湿。如果 110kV 电流互感器（L-600 型）采用带电水冲清扫，污秽等级取样鉴定为最低级 $0.039mg/cm^2$，冲洗顺序从上至下，结果不待第一层冲完，活水已从上至下贯穿，湿闪电压大幅度降低，瞬间整个绝缘子严重放弧闪络。与此相反，绝缘清污顺序改为从下向上的方法，污水下流到冲洗过的绝缘表面，不会发生严重放电，直至完全冲洗完毕。

第三节　配电常规带电作业

一、绝缘杆作业

绝缘操作杆是一种专用于电力系统内的绝缘工具组成的统一称呼，其可以用于带电作业、带电检修以及带电维护作业器具。

1. 特点

绝缘操作杆是用于短时间内对带电设备进行操作的绝缘工具，如接通或断开高压隔离开关、跌落熔丝具等。

（1）接口式绝缘操作杆是比较常用的一种绝缘杆。分节处采用螺旋接口，最长可做到 10 米，可分节装袋，携带方便。

（2）伸缩式高压令克棒 3 节伸缩设计，一般最长做到 6 米，重量轻、体积小、易携带、使用方便，可根据使用空间伸缩定位到任意长度，有效地克服了接口式令克棒因长度固定使用不便的缺点。

（3）游刃式高压令克棒接口处采用游刃设计，旋紧后不会倒转。

2. 基本参数

（1）绝缘操作杆按长度可分为：3 米、4 米、5 米、6 米、8 米、10 米。

（2）绝缘操作杆按电压等级可分为：10kV、35kV、110kV、220kV、330kV、500kV。

（3）绝缘操作杆的材质：绝缘操作杆一般用玻璃钢环氧树脂制成，它可分为手工卷制成型杆和机械拉挤成型杆两种。两种绝缘杆各有优势：手工卷制杆的优点是张性大，但是纵向强度相对机械拉挤成型杆小；机械拉挤成型杆的优点是强度大，但是横向张性相对手工卷制杆要小些。

（4）绝缘操作杆的颜色：接扣式绝缘操作杆一般采用黄色绝缘杆；伸缩式绝缘操作杆一般采用上红下黄颜色处理，红色是做的防滑处理，杆拉开后是黄色的。

3. 检验报告参数 35kV

（1）尺寸：有效绝缘长度 2990mm、金属端部接头长度 70mm、握手部分 700mm、金属中间接头总长度 280mm、节数 3、外径尺寸 36mm、总长 4040mm。

（2）电气性能：用600mm长的绝缘杆在150kV的电压下打耐压，能持续1分钟不击穿。

4. 检验依据和标准

绝缘产品作为带电作业类硬质绝缘工具应当按照国家电力行业DL408-91《带电作业类硬质绝缘工具技术标准》进行检验，具体以器具的实际工频耐压测试结果为依据。

二、绝缘手套作业法

绝缘手套是一种用橡胶制成的五指手套，具有保护手或人体的作用，可防电、防水、耐酸碱、防化、防油。

绝缘手套又叫"高压绝缘手套"，是用天然橡胶制成，用绝缘橡胶或乳胶经压片、模压、硫化或浸模成型的五指手套，主要用于电工作业。绝缘手套是电力运行维护和检修试验中常用的安全工器具和重要的绝缘防护装备。随着电力工业的发展和带电作业技术的推广，对绝缘手套的安全性能提出了更加严格的要求。

1. 清洁护理

清洁和干燥：当手套变脏时，要用肥皂和水温不超过65℃的清水冲洗，然后彻底干燥并涂上滑石粉。洗后如发现仍然黏附有像焦油或油漆之类的混合物，请立即用清洁剂清洁此部位（但清洁剂不能过多）。然后立即冲洗掉，并按照上述方法处理。

2. 用途

绝缘手套是劳保用品，对手或者人体具有保护作用，用橡胶、乳胶、塑料等材料做成，具有防电、防水、耐酸碱、防化、防油的功能。其适用于电力行业、汽车和机械维修、化工行业、精密安装。每种材料拥有不同特点，根据与手套接触的化学品种进行分类，具有专门用途。

带电作业用绝缘手套是个体防护装备中绝缘防护的重要组成部分，随着电力工业的发展，带电作业技术的推广，对带电作业用绝缘手套使用安全性提出了更加严格的要求。但是当前市场上生产、经销、使用的绝缘手套及带电作业用绝缘手套执行标准比较混乱。

3. 绝缘手套检测中发现的问题

由于生产工艺不良、储存或使用不当，尤其是在复杂环境下受光、热、辐射、机械力等物理因素和其他化学因素的综合作用，绝缘手套很容易产生发黏、变硬、发脆或龟裂等老化现象。在绝缘手套的预防性试验中，通过对不同样品的对比，发现主要存在以下几个方面的问题。

（1）标记耐久性差。在一些稍旧的国产手套上，标记模糊不清，难以辨认，如某批次的手套送检时，标记一碰就掉，甚至能被轻易揭除。

（2）绝缘手套颜色标记不规范。例如，国产某"0级"手套的颜色为红色，而按IEC

60903-2002 带电作业用绝缘手套要求，应为米黄色。多数国产或进口的 10kV、20kV 电压等级的绝缘手套均为颜色相近的橙色，只有个别合资企业生产的绝缘手套符合颜色标记规范。

（3）绝缘手套名称不规范。例如，某国产标称 25kV 电压等级的绝缘手套，其实际使用电压小于 21.75kV，后经厂方技术人员确认，得知该型绝缘手套的验证试验电压为 25kV，相当于 GB/T17622-2008 带电作业用绝缘手套中的 2 级手套，即只可适用于 10kV 电压等级的带电作业，不可用于 20kV 电压等级。

（4）将常规绝缘手套误认为复合手套。多家供电企业送检的绝缘手套，手指与掌心部位出现磨损或划伤，且沾染有明显的金属污物，这表明该手套被误认为是复合手套。经统计，60% 以上的绝缘手套在预防试验中的击穿部位是手指与掌心处。由于构成绝缘手套的橡胶材料极易被划破或损伤，易出现绝缘防护损坏而引发事故，因此，在工作中应正确选用绝缘手套。

（5）绝缘手套保管不当。一些单位送检的绝缘手套外部或内部粘连严重，这表明绝缘手套的使用或保管不当。绝缘手套在受到雨水、汗液和空气的侵蚀后，易失去弹性发生老化、粘连。

（6）预防性试验中，近 40% 的绝缘手套的击穿部位为手臂部位。在实际使用中，绝缘手套的手臂部位比手掌部位受磨损的机会要少得多，但击穿比率如此之大应得到高度重视。经过综合分析，手臂部位被击穿的主要原因有以下几点。

① 试验时，手套布置不正确。高压试验时，注水高度不标准或手套袖口未浸水部分不干燥，造成高压手套表面空气电离并放电，产生的臭氧促使手套龟裂，造成绝缘手套被击穿。

② 标签粘贴位置不正确。绝缘手套的手臂部位是试验合格证或自编号标签的主要粘贴处，在试验中手臂部位的击穿点多在不干胶标签粘贴处，仔细检查发现，标签粘贴处橡胶有老化或颜色变浅的现象，这应是橡胶与不干胶发生化学反应所致。

4. 执行标准

（1）用户购进手套后，如发现在运输、储存过程中遭雨淋、受潮湿发生霉变，或有其他异常变化，应到法定检测机构进行电性能复核试验。

（2）在使用前必须进行充气检验，发现有任何破损则不能使用。

（3）作业时，应将衣袖口套入筒口内，以防发生意外。

（4）使用后，应将内外污物擦洗干净，待干燥后，撒上滑石粉放置平整，以防受压受损，切勿放于地上。

（5）绝缘手套应储存在干燥通风室温 -15℃ ~ +30℃、相对湿度 50% ~ 80% 的库房中，远离热源，离开地面和墙壁 20 厘米以上。避免受酸、碱、油等腐蚀物质的影响，不要露天放置避免阳光直射，勿放于地上。

（6）使用 6 个月必须进行预防性试验。

5. 常识

（1）关于此类手套使用前，你必须知道的一些知识：

① 在使用此类手套之前，你必须对其有无粘黏现象，以及有无漏气现象进行相关的检测；

② 在使用此类手套之前，你必须检测其是否属于合格产品，是否属于产品的保持期限内。

（2）在使用此类手套的时候，你必须知道的一些常识：

① 在佩戴此类手套时，手套的指孔与使用者的双手应该是吻合的，同时使用者还应将其工作服的袖口放在手套口里面；

② 如果你的手套出现了被污染的情况，那么你可以选择使用肥皂及用温水对其进行洗涤。当其上沾有油类物质的时候，切勿使用香蕉水对其进行除污，因为香蕉水会损害其绝缘性能；

③ 在使用此类手套的时候，如果其在使用的过程中受潮了，那么我们应该先将其晾干，然后再在其上涂一些滑石灰，接着再将其保存起来。

（3）在使用此类手套之后，你必须知道的一些保养知识：

① 在使用此类手套之后，我们应该将其进行统一编号后，再把它们存放在那些通风干燥的地方。

② 在保存此类手套的时候，请一定记住不要将其与那些带有腐蚀性的物品放在一起。

③ 在保存此类手套的时候，请记住应该将其放在阳光直射不到的地方。

④ 在保存此类手套的时候，切记将其放在专用的支架上面，同时其上是不能堆放任何其他的物品的。

6. 绝缘手套作业法

采用绝缘手套作业法时无论作业人员与接地体和相邻带电体的空气间隙是否满足规定的安全距离，作业前均需对人体可能触及范围内的带电体和接地体进行绝缘遮蔽。

在作业范围窄小、电气设备布置密集处，为保证作业人员对相邻带电体或接地体的有效隔离，在适当位置还应装设绝缘隔板等限制作业人员的活动范围。

在配电线路带电作业中，严禁作业人员穿戴屏蔽服装和导电手套，采用等电位方式进行作业。绝缘手套作业法不是等电位作业法。

三、配电带电作业

1. 配电线路带电作业

从 20 世纪 60 年代至 80 年代初，国内曾推广开展配电网的带电作业，但由于缺乏合适的人身安全防护用具及作业方式不规范，造成配电网作业事故较多，导致部分地区停止了配电线路的带电作业。在配电线路的带电作业中，采用的作业方法主要有绝缘杆作业法和绝缘手套作业法。以上两种作业法中，均需对作业人员触及范围内的带电体和接地体进行绝缘遮蔽。在作业范围窄小、电气设备密集处，为保证作业人员对相邻带电体和接地体的有效隔离，在适当位置还应装设绝缘隔板等限制作业者的活动范围。需要特别指出的是，在配电线路的带电作业中，不允许作业人员穿戴屏蔽服和导电手套。采用等电位方式进行作业，绝缘手套法也不应混淆为等电位作业法。近年来，我国已颁布了多项专门的技术标准和导则，并具体规定了安全防护用具的使用步骤及使用方法。通过工具、设备、作业方法的研究和发展，提高带电作业安全性，以满足电网可靠、稳定、经济运行的要求。

2. 配电网带电作业的工作环境

配电线路设备事故多，操作频繁，线路出现异常情况多。

线路复杂，多回路及高低压共杆架设。配电线路各相间距离及对地距离较小。

高空作业。其作业的环境决定其作业难度和劳动强度都将大于高电压等级的带电作业。

3. 高压配电带电作业的特点及存在的问题

配电线路电气结构复杂，三相导线之间的线间距离小，而且配电设施密集，使带电作业人员的活动范围窄小，很容易发生单相接地、相间短路，乃至人身、设备事故。

绝缘防护用具是保证带电作业人员安全的重要措施之一，因此安全防护的重要措施有以下几点：一是在作业中利用良好的绝缘工具隔离或遮蔽带电体和接地体。二是作业人员应穿戴合格的相应电压等级的全套绝缘防护用具，正确使用的方法取决于采用的带电作业方式，根据方式确定它主绝缘和辅助绝缘的对象。间接作业法这时的绝缘工具是主绝缘，操作人员穿戴的绝缘防护用具则是辅绝缘；直接作业法此时的绝缘平台和绝缘斗臂车则是主绝缘，而作业人员的绝缘用具为辅助绝缘。

4. 配电带电作业的主要工器具及存在的问题

绝缘服穿戴存在的问题：一是穿在身上特别笨拙，活动不灵活，不利于带电操作和转身。二是绝缘服不吸汗，作业人员在作业过程中出汗会降低绝缘服的绝缘水平。绝缘手套存在的问题：一是绝缘手套在接触带电导线时容易被导线刺破。二是戴绝缘手套不灵活，拿小件材料或工具时容易脱落，影响作业人员操作甚至发生事故。

关于绝缘服和绝缘手套，到目前为止，国家还没有统一标准，不够完善。目前带电作业普遍使用美国或日本的绝缘防护用具，因为这些绝缘材料材质性能好、耐压水平高、制成的绝缘工具重量轻、服用效果及性能好，所以其能得到广泛使用。我们需要探讨的问题是：这些进口的绝缘工具的绝缘参数，与我国的电压等级有所不同，在耐压试验时，应根据相应电压等级进行耐压试验，以免产生安全隐患。

解决方法：在使用进口绝缘防护用具前，应严格按照我国《电气安全工作规程》和耐压试验标准进行电气试验，合格后方可使用。

5. 改变发展方向并提高配电网带电作业水平

21 世纪，为适应这个科技信息发展如此迅速的现代化社会，配电网带电作业的发展方向必须改进，无论是对基础理论知识的进一步研究还是对带电作业人员的严格考核，都应该拿出最新的方案和决策。由此才能使得带电作业技术不断创新，为企业带来更多利益；如果不采取以上有效改良措施，将会严重影响带电作业单位的进步和发展，假如技术停滞不前，不能得到有效的开发和进步，也会给企业带来重大损失。所以，要促进配电系统的带电作业，还应针对一些带电作业的特殊工具加强研究，使其能够快速适应目前的最新情况。绝缘工具是一个非常重要的器件，它能保证配电网带的安全作业，只有积极研制新型绝缘材料，才能确保带电作业工具的质量。近年来，开展配电网带电作业的单位逐渐增多，针对这一发展趋势，有必要积极开展安全防护用具的研制；同时要大力开展技术理论和操作技能的培训，加强交流，使高压配电网带电作业水平不断提高，以满足电力生产的发展需要。

第四节　110 ～ 220kV 送电线路带电作业

一、110 ～ 220kV 输电线路带电作业

110 ～ 220kv 的输电线路是目前我国进行居民生活用电的输送线路，为保证社会民众生活用电的稳定性，需要定期对线路进行维护和检修，而如果采用限电的方式进行相关的工作，势必会对部分居民的正常使用造成影响。电力部门为保证民众的正常使用，在诸多情况下都会采用带电作业的工作模式，以确保居民的用电质量。输电线路因为使用年限或者其他客观因素的影响，很容易出现线路故障，电力工作人员需要根据科学的操作方式进行线路的维修，一旦出现操作错误，严重的将危害工作人员的生命安全，甚至会引发重大的安全责任事故，因此供电系统带电作业的规范成为电力管理部门关注的重点问题。

1. 带电作业 110 ～ 220kV 输电线路的工作现状

我国的带电作业技术起步时间较早，在 20 世纪 50 年代电力部门就对该项技术进行了大胆的尝试，电力系统几十年的发展和进步已经积累了较为丰富的工作经验，成为该项工作开展的技术指导。但是在现实的工作中，仍然存在很多不容忽视的问题制约着带电作业技术在 110 ～ 220kV 输电线路的科学发展。

（1）带电作业工具更新换代不及时，难以提高工作效率

带电作业开展的前提要利用绝缘工具，来保障电力工作人员的生命安全，同时实现带

电工作的意义。为保障技术作业的安全性，国家对相关的操作程序以及工具需求都做了明确的规定，其间所需要用到的作业工具种类繁多，需要绝缘工具具有绝缘性能好、耐老化等优点，但是相关部门的带电作业工具普遍存在设备陈旧的问题。我国相关的技术已经开展多年，很多操作工具和设备已经应用了很多年，很多作业工具已经出现绝缘性能欠缺或者设备笨重等问题，相关部门为减少资金成本的投入，漠视带电作业的安全性，没有对作业工具和设备进行及时的更换，造成了带电作业的安全隐患。

（2）带电作业的电压控制存在安全隐患

在实际的带电作业工作中，为保障带电作业工具的工作性能，需要定期对工具进行清洗，防止出现污秽闪络造成安全问题，以保证带电作业的安全性。在工作人员的作业过程中，作业间隙出现的放电量会超过防护操作的电压承载能力，污秽闪络造成的安全隐患会大大增加，严重的将危害工作人员的生命安全。

（3）电力系统内部对带电作业的工作经验缺乏交流

目前我国的输变电工程正在突飞猛进地发展，其带电作业技术水平也在不断提高，然而由于电力系统分布较为广泛，各地区的经济发展水平不尽相同，对带电作业的技术要求也不尽相同，相关部门并没有认识到这一问题，电力系统内部各区域之间缺少对带电作业工作经验的交流，工作人员不能够通过相互的交流和学习弥补自身存在的工作不足，很多地区的带电作业技术水平相对滞后，影响了行业内该技术的稳定发展和进步。

2. 带电作业 110 ~ 220kV 输电线路的完善措施

根据目前社会的发展要求，电力系统将带电作业的工作重点逐渐向超高压网络和低压配电网络发展，110 ~ 220kV 网络的带电作业量逐渐减少。但是为保障带电作业技术的科学发展，需要根据目前工作现状中存在的问题进行分析，并进行相关的技术完善，以保障该工作的稳定健康发展。

（1）加大对带电作业工作的更新换代，加强先进技术设备的研发力度

现代的带电操作技术需要绝缘性能较好，且质地较轻，便于操作的工具设备，能够有效地提高带电作业的工作效率，并最大限度地保障工作人员的安全性，相关部门要加大对工具更新换代的资金投入，使工作人员能够利用现代工具进行工作。国外 110 ~ 220kV 输电线路的带电作业技术已经达到较高的发展水平，有些发达国家已经向自动化及机械化技术方向发展。相关部门应该对先进的技术加以借鉴和学习，并加大对现代工具及设备的研发力度，使该项技术能尽快达到国际先进工作水平。

（2）创新带电作业绝缘设备，减少工作人员的安全隐患

相关部门可以将现代的绝缘带电设备大力地应用到实际工作中，在利用遥控技术减少人工操作，提高工作效率的同时，保障工作的安全性和稳定性。首先利用光导纤维形成安

全电气隔离，工作人员利用机械手辅助完成技术工作，由工作人员在地面进行距离的识别以及操作过程的识别，在地面向高空控制台遥控发布操作指令，机械手通过遥控进行智能操作。这大大实现了带电作业的安全保障，有效提高了工作效率。

（3）加强工作人员的技术培训和技术交流

未来 110 ~ 220kV 输电线路的带电作业将逐渐实现科技化、现代化和机械化，需要相关工作人员具有现代工作理念和工作技术；为推进电力系统的科技化工作水平，相关部门要加大对工作人员的技术培训工作，使其能够满足未来的工作岗位需求，具有先进的技术操作水平和职业素养。开展多种形式的技术交流，使工作人员能够在彼此的交流中，强化自身的技术水平，增加实际工作经验的交流，避免出现人为和机械事故，危害工作人员的生命安全以及电力网络系统的安全，保障安全作业水平的提升。

二、220kV 输电线路带电作业安全措施

1.220kV 输电线路带电作业

为了明确输电线路带电作业进行过程中保证安全性的重要性，首先应该让读者明白什么是输电线路带电作业。所谓的高压带电作业就是指工作人员在高压设备不停电的状态下进行一系列的检修以及测试，也就是说在带电的线路上进行作业。这样做的主要目的就在于降低停电给高压设备带来的损失，如果能够保证在不降低损失的情况下完成工作人员的日常操作是再好不过的了。

但是，正是由于技术人员在进行检修或者测试的时候，220kV 输电线工程中具有的高压电是强危险性的，因此出现电工事故是很常见的，所以说，提升安全措施的实施效率非常关键。首先，要想保证在实施检测或者维护过程中不出现安全隐患，应该强化工作人员的安全意识，保证技术人员实施操作时使用绝缘工具，同时还应该对地面进行强化监护。其次，就是保证工作人员在高强度的环境下具备强大的身体素质。正是由于一般的带电作业环境都是比较特殊的，需要工作人员进行长期的高空作业，还需要保证绝缘防护，而绝缘防护服饰会增加技术人员的负担，因此工作人员的带电作业相当辛苦；再者会遇到恶劣的天气，这样一来，带电作业的危险性会更高，因此技术人员一定要注意适时作业，才能保证自身安全。

在输电线路中，当单极发生接地故障时，在直流输电线路的一极上会产生一定的过电压，过电压数值通常较大，会造成线路故障，并且危及带电作业人员的生命。

2.220kV 输电线路带电作业的安全防护与管理

（1）带电作业的相关技术

首先是确定安全距离。根据 DL/T620-1997《交流电气装置的过电压保护和绝缘配合》、

GB/T19185-2003《交流线路带电作业安全距离计算方法》和《国家电网公司电力安全工作规程》，经相关公式计算可确定其带电作业的最小安全距离，220kV 同塔四回线路的最小电气安全距离为相 - 地 1.64m、相 - 相 2.75m。当进行带电作业的时候，应保持最小安全作业距离为：相 - 地 2.14m、相 - 相 3.25m。

其次是在电工作业的过程中，应当依据不同的线杆来进行不同的操作。

在耐张杆带电作业中，通常有沿软梯进入强电场、使用绝缘硬梯进入强电场、沿绝缘子串进入强电场等三种方法。等电位电工采用绝缘硬梯进入强电场的作业方法，由于地电位电工头部距导线较近，电场强度较高，作业中应采取电场防护措施，保证人体体表场强小于 240kV/m。

在直线杆带电作业中，地电位作业安全距离要求最高在中相横担上。在中相横担上进行地电位作业时，中相横担护栏与上相导线最小净空距离为 2.15m，由于护栏高度达0.35m，只要工作人员向上垂直高度和垂直活动范围控制在 0.7m 之内（不超过护栏 0.35m），向下垂直活动范围控制在 1.3m 之内，其最小安全距离可达 2.15–0.7+0.35=1.8m 和 3.15–1.3=1.85m，即能达到地电位带电作业要求。

（2）绝缘保护用品的使用

由于 220kV 输电线路带电作业危险性比较高，在进行等电位作业操作的时候需要穿戴全套的屏蔽服，屏蔽服可以有效地阻隔离子流直接流经人体并具有电位转移线的作用。在进出强电场时要有后备保险带，从杆塔以及地面向等电位电工传递工具时要用干燥以及清洁的绝缘绳。

带电更换 SSZV1 型 V 串绝缘子时，在作业及工具传递过程中，手及金属工具不得超过等电位电工头部。更换内侧相 V 串过程中，在硬梯上应有明显的限位标记，人体任何部位不得超过此标记；更换 SSZV1 型外侧相 V 串绝缘子时，绝缘硬梯较长，在传递和组装过程中要避免与塔身、导线发生磕碰。

（3）提高带电作业人员的作业水平

在带电作业的发展过程中，相关技术的应用也得到了很大的发展，带电作业的操作技术含量也更高。而作为主要操作人的带电作业人员，对作业的成功起到了非常关键的作用，因此有必要加强带电作业人员的相关技术培训，拥有过硬的专业技能，提高 220kV 输电线带电作业的工作效率。

（4）加强带电作业的安全管理

在带电作业的安全管理中需要对路线运行加强管理，并且强化线路的运行工作。日常加强检修工具的管理与维护，在输电线路安全管理中需要严格执行"安全第一，质量第一"的原则，要做到"预防为主，综合管理"。带电线路的运行维护工作是电网良好安全运行的基础，所以要对该问题给予充分的重视。在开展带电作业的时候，需要根据实际情况和理论校核结果选择合适的作业方案实现带电作业。

第五节 高压带电作业技术

一、高压配电网带电作业

1. 带电作业的经济效益

带电作业所创造的经济效益包括可计算和难以计算两部分。可计算部分可归结为直接效益和社会效益两种形式。直接效益系电力部门获得部分；社会效益是由于多供电给厂矿企业，使厂家和地方财政多得到的效益。难以计算的效益则体现在降低供电事故、提高供电可靠性及消除不良政治影响、方便人民生活等诸多方面。

2. 高压配电网带电作业的工作环境

工作地点位于城市市区，环境嘈杂、斗臂车噪声等；配电线路设备事故多，操作频繁，线路出现异常情况多；线路复杂，多回路及高低压共杆架设；配电线路设备锈蚀严重；配电线路各相间距离及对地距离较小；高空作业。

因此，由于其作业的环境而决定其作业难度和劳动强度都将大于高电压等级的带电作业。

3. 带电作业方式

由于工器具设备和防护用具的原因，以往的配电带电作业大都采用屏蔽服，利用高架绝缘斗臂车或地电位间接作业。依据规程所确定的安全距离和配电带电作业的现场环境、电气设备结构条件，可以看出在配电带电作业中，为了确保安全而应以间接作业为主。现在，随着国内外带电作业技术的发展，绝缘服的各项性能和指标越做越好，绝缘防护工具也更加可靠、轻便。另外，国外许多轻便的电动液压检修工具，更是大大减轻了作业人员的劳动强度。因此，目前多采取全绝缘作业法。

全绝缘作业法是我们经常听到的一种专业术语用词，我们通过实践，对这种称谓表示怀疑，在某种程度上其还存在一定的危险性。因此，愿与同行探讨。不管是哪种状态，其绝缘性质都是相对的，真正的安全是要建立正确的安全思想意识、行为意识和严谨的规章制度管理，而不能机械地依赖某些工具去保证安全。

4. 高压配电带电作业的特点及存在的问题

高压配电带电作业必须首先考虑到安全。高压配电网络的电压较输电网低，三相导线之间的空气间距小，而且配电设施密集，使带电作业人员的范围窄小，作业人员在有限的操作活动范围内作业，加上高电压的不可视性和作业人员在电杆高处作业，作业人员经常会出现一些危险举动，很容易触及处于不同电位的其他电力设施。因此，若生产中安全措施不全面、作业方式不规范、工具使用不当时，便很容易发生单相接地、相间短路，乃至人身伤亡事故。

安全防护措施不当问题。安全防护措施是配网带电作业中保证作业人员安全的重要措施，安全防护的重要措施有以下几个方面：一是在作业中利用良好的绝缘工具隔离或遮蔽带电体和接地体；二是作业人员应穿戴合格的全套绝缘防护用具，问题是目前我国自己生产的绝缘防护服，在不同程度上存在一些问题，故此，大多使用的是来自国外的一些产品。这些产品中，品种繁多，选择购置时应特别注意其提供的电性参数，根据用途合理选择、正确使用。正确使用的方法取决于采用的带电作业方式，根据方式确定它绝缘和辅助绝缘的对象，如采用间接作业法（地电位法），这时绝缘工具是主绝缘，操作人员穿戴的绝缘防护用具则是辅助绝缘；若采用杆上绝缘平台法或绝缘斗臂车直接作业法，此时的绝缘平台和绝缘斗臂车则是主绝缘，而作业人员的绝缘用具为辅助绝缘。直接作业法中，人身穿戴的全套绝缘服作为后备保护十分重要。因此，对绝缘服或绝缘隔离工具的选择，不仅要求击穿电压高，而且应具有较高的沿面闪络电压和很小的表面泄漏电流。

5. 高压配电带电作业的主要工器具及存在的问题

（1）绝缘防护服

① 问题

针对 10kV 带电作业操作人员的绝缘服用具，我国到目前为止，有关统一标准还没有全面完善出台。但目前全国大多数已经开展 10kV 带电作业生产的单位，已普遍购置、使用了各种进口的绝缘防护用具。由于国外的一些绝缘服用具一般具备以下优点：一是采用的绝缘材料材质性能好，耐压水平高；二是制成的绝缘服用具重量轻、使用效果及性能好。因此，受到国内广大使用者的青睐。但这些进口的绝缘工具电性参数，满足不了我国《电气安全工作规程》的规定，若使用，便违反了本行业规程规定；若不接受这些产品，目前国内制造商又无法提供满足使用者需求的商品。

② 解决问题的方法

我们通过学习与生产实践认为，选购国外引进的 10kV 带电作业绝缘服用具应注意以下几点。

一是选购时必须与销售商针对工具的电气性能、物理特性了解清楚，按照自己的需要谨慎购置，确定购置时，最好在协议中提出其承诺的保证要求为宜。

二是针对购置的进口带电作业绝缘服用具，虽然其满足不了目前我国《电气安全工作规程》规定的要求，但经科学分析验证，认定其的确又可用于生产的工器具，应采用制定的企业标准进行约束。

三是针对购置的带电作业绝缘服用具，要认真组织接收时的检查、检验（主要指物资部门），在交到生产班组使用前必须按《带电作业技术管理制度》要求和《电气安全工作规程》要求、企业管理标准等标准进行严格的电气试验，只有当全部合格后，方可提供给生产者使用。

四是生产者在生产使用的前后，对这些绝缘护具要仔细检查，因为这些制品都是容易受到损伤的塑料或橡胶品，使用时面对的是各种金属设备及构件，难免不被划破或损伤，所以应强调生产开始前、工作结束后要仔细检查，以便及时发现问题，预防事故的发生。

（2）绝缘遮蔽工具

① 问题

目前国内有不少厂家都在积极组织生产，由于我们对工具的适用性、多用性和外观形态及尺寸，缺乏管理，造成同一用途的工具"五花八门"，尺寸各异且差别大；同时有些厂家为追求利益，而不顾产品质量，因此造成不少遮蔽工具电气强度不符合要求，试验中沿面放电或击穿的现象时常发生，给带电作业的正常生产带来很大影响。

② 针对问题的建议

一是生产商在绝缘材质上研制和开发好的新型绝缘材料；二是选定型设计要科学一些，多收集用户信息；三是国家和行业权威机构，规范行业标准，制约生产厂家的选材、用材、生产技术管理、工艺要求等更加规范一些（特别是我国已经加入WTO），我们真诚希望和期待好的、新的、科技含量高的新工具早日出现在电网生产之中。

6. 高压配电网带电作业的发展方向

为适应现代化要求，必须对带电作业进行严格考核，加强基础理论的研究，这样才能使带电作业技术不断创新，使其更广泛地开展，带电作业技术才能不断创新和发展；否则，带电作业技术将停滞不前。

输电线路的发展，为了减少线路走廊的空间，已出现紧凑型杆塔线路，但它将给带电作业保证安全距离带来困难。实现机器人在带电作业中的应用，将是解决此问题的重要途径之一。

实现直升机在带电作业中的应用，用直升机作为带电作业的主要工具，在一些发达国家中已广泛采用。目前，国内已有一些单位正在研究直升机在带电作业中的应用，国家电力公司也正在着手研究此项目。

二、高压输电线路检修技术

1. 杆塔的检修技术

在220kV高压输电线路带电检修中，各种检修技术被应用其中，极大地提高了线路的使用性能，降低了线路维修难度。杆塔是220kV高压输电线路的核心支撑结构。在带电检修杆塔之前，检修人员必须严格检测用于杆塔检测的相关设备以及绝缘材料，按照带电检修的相关规定，认真检查杆塔、拉线与杆塔基础是否出现故障问题，认真检查杆塔基础是否裂纹、损坏、下沉等现象，认真检查杆塔地脚螺栓是否松动、锈蚀。

2. 导地线的检修技术

在 220kV 高压输电线路运行中，导地线是其核心结构之一，也是故障发生率较高的结构。以线夹处理为例，在导地线检修中，检修人员必须准确打开线夹，利用适宜的检测仪逐一排查。在操作过程中，检修人员必须根据 220kV 高压输电线路的具体情况，进行针对性的检查，对于关键点的导地线线夹必须加大检测力度，尤其是线路出现污闪、覆冰等情况，而有些线夹只需要进行一般性处理。

三、高压带电作业的安全管理

1. 强化作业人员的安全意识

带电作业的安全性很大程度上取决于带电作业操作者的素质、理论水平和操作技能。而带电作业本身，是一项高智力、高技能、高投入、高风险的工作，强化对作业人员的管理，是保证带电作业安全的关键。从长期的成功实践来看，应严把新人员关、重视日常培训、严格考核管理。

对计划安排新从事带电作业人员，首先，从身体素质上进行挑选，身高一般 1.70 米，体重 60 公斤，高空检修操作技能娴熟的工人。其次，要指派带电作业经验丰富的技术人员和技能人员逐条讲解"三规"，组织学习电工基础和带电作业基础知识，绝缘材料性能、常用工具的构造、规格、性能、用途、使用范围和操作方法。经理论考试和模拟实际操作后，颁发带电作业证书。再次，对带电作业人员，每月安排一天的专题学习，学习规程制度、技术问答和考问讲解，特别是复杂项目的技术交底和事故案例。最后，带电作业人员的正规考试，每年不少于一次，考试成绩记录在带电作业合格证内。考试不合格者，收回带电作业证书。对于带电作业班组，带电作业人员应保持相对稳定，工作负责人和工作票签发人，应发文公布。凡脱离岗位三个月以上者，应重新考试，履行批准手续。带电作业因人员管理不善发生事故，是有血的教训。通过以上环节，实现人员管理的安全。

带电作业过程中，高空地电位电工和等电位电工作业安全风险最大。必须要做好自身防护，克服麻痹思想和侥幸心理，正确使用安全防护用品，严格作业。对地电位电工，应使用全方位双保险安全带，移位过程中不能失去保护，防止高空坠落，作业中控制身体对带电导线的安全距离。对等电位电工，应穿戴全套合格的屏蔽服，连接螺栓应保证连接牢固，不易脱落。在进出电场的过程中，应快进快出，防止电弧灼伤。作业人员从身体、心理、行为全方面安全，才能确保高压带电作业工作的安全。

2. 完善安全管理制度

按照安全管理综合论分析，事故的发生绝不是偶然的，有其深刻原因。事故乃是社会因素、管理因素和生产中的危险因素被偶然事件触发所造成的结果。用公式表达为：

生产中的危险因素 + 触发因素 = 事故

因此做到管理制度的完善，开展危险点因素分析，控制现场危险源，是保证带电作业安全的基础。带电作业工作不能仅考虑作业现场安全，在管理制度上也应有完善的制度。从规章制度、现场操作规程、作业指导书等规范技术管理各项工作，特别是工作票和"三措"的管理流程，必须严谨，对危险点分析应全面，安全措施应到位，等电位电工对作业内容和安全注意事项应熟悉并签字确认。对危险性评估，应用系统的管理方法，如：

危险性分值 = 发生危险的可能性 × 出现于危险环境的可能性 × 事故后危害程度

通过以上的量化判断，加强制度完善，杜绝管理漏洞。

带电作业中现有三大规程：《带电作业技术管理制度》《电力安全工作规程》《带电作业操作导则》，是指导和保证带电作业的基础性规程。此外，还应结合实际制订带电作业现场操作规程和管理实施细则，修订补充技术导则，不断总结工作经验和教训，开展带电技术交流和劳动竞赛，完善技术管理，对重要技术资料以图表形式实现定置管理，保证作业安全。

3. 创新作业工器具

带电作业工器具是保证带电作业安全的生命线，应有专门的工器具管理人员，配有合格的工器具库房保存带电作业工器具，工器具出入库应有记录。定期开展工器具检查，按规程规定完成检查性试验和周期性试验，对未试验工器具，作业人员切不能抱侥幸心理冒险使用。

带电作业常用材料可分为绝缘材料和金属材料。绝缘材料主要用来制作各类软、硬质绝缘工具，主要材质有 3240 环氧酚醛玻璃纤维、聚乙烯、聚丙烯、锦纶、蚕丝等。金属材料主要用来制作带电作业用紧线丝杠、卡具、转换接头等，主要有优质碳素钢、合金钢、高强度铝合金，在特高压线路上还使用钛合金。

在绝缘工具的使用上，因绝缘材料的厂家众多，且良莠不齐，许多用户由于缺乏必要的检测手段，无法确定其质量优劣，如选择不当，误将低劣的绝缘材料用于带电的部位，将造成重大的人身和设备安全事故。特别是近年来，特高压 ±800kV 线路、1000kV 线路、紧凑型线路、超高压直流线路的发展，对带电作业工器具的性能提出了更高的要求。例如，屏蔽服的屏蔽指标、金属工具的重量以及绝缘材料的强度等，必须要创新，结合带电作业工作需要，积极开展带电作业技术攻关，采用新技术、新设备、新工艺，解决技术难题，消除线路缺陷，确保特高压电网和人身安全。

4. 作业标准化

作业标准化，就是对在作业系统调查分析的基础上，将现行作业方法的每一操作程序和每一动作进行分解，以科学技术、规章制度和实践经验为依据，以安全、质量效益为目标，对作业过程进行改善，从而形成一种优化作业程序，逐步达到安全、准确、高效、省力的作业效果。

高压带电作业不同于一般的停电检修作业，其对带电作业的操作技能要求严格，操作步骤和动作方式都必须保证严格的安全要求。国网目前推进的标准化作业指导书，就是对操作过程进行规范，每一步操作都严格按照事先编制的操作规范和方案进行。

带电作业工作，因电气间隙对操作动作的限制，要求作业必须按指导书进行，当所编步骤和规范与实际情况不符或矛盾时，应按规定程序中止作业，修改作业指导书，重新履行审批手续。通过对作业的标准化，保证带电作业的安全。

通过以上论述，高压带电作业的安全应从人员管理、制度的完善、工器具创新、作业标准化四个方面重点入手，制定措施、落实责任、强化执行，通过科学管理，保证高压带电作业的安全。

第六节 超高压带电作业

一、超高压输电

超高压输电是指使用 500 ~ 1000kV 电压等级输送电能。若 220kV 输电指标为 100%，那么超高压输电每千米的相对投资、每千瓦时电输送百千米的相对成本以及金属材料消耗量等，均有大幅度降低，线路走廊利用率则有明显提高。

1. 重要性

超高压输电线路是电网系统的重要组成部分，随着电压等级的提升，影响超高压输电线路继电保护的因素也会增加，这也是超高压输电线路继电保护中需要重视的内容。做好继电保护，如果发生故障，继电保护装置可以自行切断与故障区的联系，并将问题反映给控制中心。若故障未在区内发生，通过不动作就可以完成设计。总的来说，在超高压输电线路继电保护实现以后，无论电力系统处于哪种运行状态或在运行中发生了哪种故障，继电保护装置都可以做出正确判断，将损失降到最低，确保电力系统安全稳定运行。

2. 继电保护方法

（1）电力信号处理

对于电网保护来说，它与相关暂态信号间存在一定联系，而这些信号又具有非线性、不稳定特征，在继电保护实现以前，电网保护需要在傅立叶的作用下处理好暂态信号，但在利用傅立叶的过程中发现这种变换方式带有一定缺陷与不足，所以，就需要在高分辨率的作用下完成信号处理。为进一步做好继电保护工作，HHT 被应用进来，有效地强化了暂态信号处理能力。通过实践得知，随着 HHT 法的运用，不仅可以有效提升超高压输电线路故障信号的判断能力，还能及时消除噪声，相关工作人员也可以及时了解到故障所在。

（2）电流差动保护

通过研究发现，电力系统在运行中会发现各种各样的故障，在电力系统故障发生以后，势必会出现故障信息。之所以利用电流差动完成超高压输电线路继电保护，主要是由于它可以保护更为复杂的拓扑结构，同时也可以消除电流分量，并从中获得有用的故障信息。利用电流差动实现超高压输电线路继电保护，就是在线路两端设置合适的电流感应装置，且完成连接潮。通常情况下，处于保护状态的电路在发生故障以后，正常部分的电流与故障电流是相同的。通过应用电流差动保护可以发现，该装置不仅具有丰富的经验，还能够在零序状态下保护电流。一般在故障发生以后，负荷电流会带来一定的负面作用，如短路出现以后，会出现线路故障，保护拒动也会随之发生。

要发挥电流差动保护的应有作用，应做好保护方案设计。由于故障分量具有较高的灵敏性，因此要重视保护方案设计。为实现长期获得分量信号，可以将零序电流等作为后备保护方式，并将其与全电流综合在一起，实现两者互补，只有这样才能有效减少各种保护存在的不足。此外，为实时了解故障实际情况，还要将全电流保护作为重点，只有这样才能真正做好超高压输电线路继电保护工作，减少电力企业损失。

（3）自适应电流保护

要做好超高压输电线路继电保护，不仅要了解故障类型，还要掌握电力运行方式，只有这样才能确保电流保护目标得以实现。对于电网运行来说，输电线路和用电设施是相互关联的，等效阻抗相对较小，如果电动势处于恒定状态，线路同点负荷电流值就会随之增大。所以，只有掌握了运行方式类型，才能检测线路电流，也只有这样才能做好电流保护工作。在自适应电流保护中，还需要明确故障类型，对比前后基波，以便确定好电流副值。如果发生单相短路，某些相电流值可能增加，而余下相的电流值则不会出现变化；如果发生两相短路，那么它们的电流值也会上升，增加范围也会相同，此外其他部分则不会变化。一般来讲，在明确了故障类型以后，系统所发生的故障就会呈现正反，也就是说在故障电流经过继电保护装置所在之处时，方向会出现反差，所以应控制好方向，才可以做好继电保护工作。

二、超高压输电线路带电作业

1. 超高压输电线路的特点

超高压输电是用变压器将发电机输出的电能升压后经输电线路传输的一种形式，其在降低损耗方面的效果比较明显。近些年来超高压输电线路的应用范围逐渐扩大，它在给人们提供便利的同时也带来了很多问题。首先，由于塔杆自身比较高，塔头尺寸比较大，因此存在的分裂线路越来越多，绝缘子片的数量也不断提升，其吨位也随之增大。其次，由于线路运行过程中电压比较高，带电周围的电场强度比较大，而超高压输电线路的输送容量比较大，停电检修对受端电网影响较大，因此超高压输电线路带电检修作业是输电线路检修工作的必然趋势。最后，由于超高压输电线路比较长，容易受到地理环境、气候环境以及其他因素的影响，这就要求相关工作人员积极对现有的应用方式进行了解，并根据实际情况确定合理保护措施。

2. 影响带电工作人员安全的因素

由于现有超高压输电线路受到的影响因素比较多，必须根据实际情况对其进行适当的调整，同时要明确影响工作人员安全的因素。以下将对影响带电工作人员安全的因素进行分析。

（1）电场的影响

输电线路在运行过程中会出现一定的工频电场，电场的强度和电压等级之间存在本质性的联系，随着与导线距离的不断减少，人体在强电场实践中会感到不适应，甚至会出现异常反应。实践证明，人体进入电场时会导致电场出现一定的变化，在输电线路杆塔上，作业人员则要在近距离位置，电场的强度比地面高出很多，尤其是在等电位作业位置中，基于人体表面的影响因素，必须根据实际测量值，对其进行测定。根据已知的电场感知水平确定预防措施。如果人体自身感受到不适，会给高空作业带来隐患，为了保证工作人员的人身安全，必须明确电场对人体的影响。

（2）电流对人体的影响

在输电线路带电作业实践中，存在暂态或者稳态的电流，不同的电流对人体会造成不同的伤害，因此必须让处于低电位的人接触到导体。由于导体上的电荷变化比较大，通常存在不规则释放的情况，其影响程度和带电体通过人体的放电量有一定的联系。稳态电击的导体主要是由耦合电容形成，通过接触该导体的人体入地工频电流，这种电击结果的评价直接用电流大小来衡量。因此必须在实践中做好防护措施，减少不良因素对其整体的伤害。

（3）静电感应对人体的影响

基于超高压输电线路的特殊性，经常会存在工频交流电场，由于该电场的变化不明显，因此可以将其作为静电场。但是工频电场同时存在一定的静电感应问题，由于静电感应会使人们遭受到比较小的电击，人体感受不明显，但是如果此时存在放电的情况，当能量值达到一定的范围时，会对人体产生一定的影响，严重的会影响工作人员的安全。

3. 带电作业人员的安全防护

（1）防护工具

① 屏蔽服

屏蔽服是为电源作业所制造的特殊安全防护用具，按作业线路电压等级的大小相对应地制造不同屏蔽效率的屏蔽服。屏蔽服是用天然或合成材料制成的，其内部完整地编织有导电纤维，用来防止工作人员受电场的影响。由于其具有阻燃、隔热、抗静电的功能，现阶段已被广泛应用。此外，帽子的保护盖舌和外伸边沿必须确保人体外露部位不产生不舒适感，并确保在最高使用电压的情况下，人体外露部分的表面场强不大于 240kV/m。

② 电位转移棒

为了防止脉冲电流的危害，需要添加电位转移棒这种新的安全防护设备，从而对带电作业进行双重防护保障。这不仅能使它靠近带电设备进行电位移动操作，同时也能进入等电位状态进行有效工作。

（2）防护方法

作业人员要有较高的职业素养与专业技能水平。当工作者在超高压状态下进行带电作业时，需要严格执行安全作业规范。对于静电感应的人体安全防护可采用下列措施：① 防止作业人员受到静电感应，应穿屏蔽服，限制流过人体的电流。② 吊起的金属物体应接地，保持等电位。③ 塔上作业时，被绝缘的金属物体与塔体等电位，从而防止静电感应出现。

4. 工器具研究

超高压输电线路所使用的带电作业工器具主要包括绝缘硬质工具、绝缘软质工具、金属工具、个人安全防护用具、检测仪表等。硬质绝缘工具主要包括绝缘操作杆、绝缘吊拉棒、绝缘托瓶架、绝缘滑车等，软质绝缘工具主要包括防潮绝缘绳、绝缘软梯、绝缘绳套等绳索类工具，金属工具主要包括闭式卡、大刀卡、四钩卡、丝杠紧线器、飞车等工器具，个人安全防护用具主要包括屏蔽服、导电鞋、屏蔽眼镜等，检测仪表主要有万用表、绝缘电阻检测仪、风速湿度计等。

5. 带电作业的准则与方法

（1）带电作业的准则

我国先后颁布了《送电线路技术导则》《500kV 紧凑型输电线路带电作业技术导则》《同塔多回输电线路带电作业技术导则》等多项规程规范，对我国超高压交流输电线路带电作业的发展起到了重要的指导意义。

（2）带电作业的方法

超高压输电线路的带电作业方法主要有地电位作业、等电位作业、中间电位作业法等。由于线路具有塔头尺寸大、绝缘子串长等特点，使用绝缘操作杆对导线侧金具检修的功效特别低，所以超高压输电线路以等电位作业方法为主。目前，直线塔进入等电位的作业方法主要有乘坐绝缘吊篮（吊梯）荡入法、沿绝缘平梯进入法、绝缘竖梯荡入法等。耐张塔进入等电位的方法主要沿耐张绝缘子串进入。±500kV 直流输电线路带电作业技术与 500kV 交流输电线路带电作业技术相比，除了在带电作业粒子流防护方面不同，其他方面没有太大的区别，具有较高的通用性。

第六章 电力自动化

第一节 电力系统频率和有功功率控制

一、概念

1. 电力系统频率

电力系统频率是指电力系统中同步发电机产生的正弦交变电压的变化频率。在发电机组稳态运行时，机组中所有发电机都在同步运转，整个电力系统处于同频运行状态。

电力系统能够安全并且稳定运行的至关重要因素之一是频率稳定，因为它能体现出一个电力系统发出的有功功率和负荷所需求的有功功率是否保持相同，电力系统是否稳定和安全可靠。如果频率一旦出现不正常的情况，其后果将难以设想，系统运行的可靠和安全以及各个用电用户的安全得不到保证。同时会导致它们的效率变低，使电厂运行的经济性有所偏离，最终还会影响整个电网运行的经济性。如果频率偏低，更会使整个系统不能够得以安全运行。因此，频率一方面是评价电能质量好坏的标准之一，我们可以作为系统的一种状态反馈量来观察监控并以此确定系统是否得到了稳定和安全控制；另一方面，我们还应当对系统的频率实施一些控制策略来确保系统的稳定和安全。

2. 有功功率

有功功率是将电能转换为其他形式能量(机械能、光能、热能)的电功率。以字母P表示，单位主要有瓦(W)、千瓦(kW)、兆瓦(MW)。

交流电的瞬时功率不是一个恒定值，瞬时功率在一个周期内的平均值叫作有功功率，因此，有功功率也称平均功率。

在电力系统中，频率、电压是电网电能质量的两大指标。

二、电力系统频率特性

电力系统频率特性指的是当电力系统电压不变时，电力系统有功功率和频率的关系。

1. 特性

电力系统频率特性包括负荷频率特性和发电频率特性，又分为频率静态特性和频率动态特性。电力系统频率特性的最大特点是，在一般运行情况下，系统各点的频率值基本相同。

电力系统频率特性是电力系统频率调整装置、自动低频减负荷装置、电力系统间联络线交换功率自动控制装置等进行整定的依据。负荷频率静态特性不同，种类的负荷对频率的变化关系各异。有的与频率无关，有的与频率的一次方、二次方或更高次方成正比。

2. 电力系统频率动态特性

电力系统的有功功率的平衡突然遭到破坏时，系统的频率将从正常的稳定值过渡到另一个稳定值。这种频率变化过程反映了系统的频率动态特性。它与系统有无备用容量、负荷的频率调节效应系数及电力系统内旋转机械的惯性时间常数等有关。因条件不同，系统频率可能非周期性地逐步下降，也可能经波动衰减到某一稳定值；系统的惯性时间常数越大，系统频率变化过程所经历的时间就越长。

三、电力系统频率偏差

电力系统在正常运行条件下，系统频率的实际值与标称值之差称为系统的频率偏差。

1. 频率偏差产生的原因

在电力系统中，要使所有发电机组转速恒定运行，必须使系统总共的电源供给与负荷功率总需求（其中也有传输环节的电能损耗）平衡。然而，要实现发电机组转速恒定并没有那么容易，这是因为电力系统中发电机组的出力和电力系统负荷每时每刻都在变化。当系统出现发电机组的有功功率和负荷的有功功率不平衡的情况时，系统频率便会因为发电机组和负荷的功率不平衡出现变动，从而产生频率偏差。系统频率偏差持续时间和大小由发电机控制系统对负荷改变的响应能力和负荷特性决定。只有在一种情况下，频率偏差才为0，那便是当系统负荷需求的总有功功率等于发电机的总输出功率的时候。在通常情况下，系统负荷需求的总有功功率并不总是等于系统发电机的总输出有功功率，那么在系统负荷需求的总有功功率较大的情况下，系统频率便会下降，频率偏差为负值；反之，在系统中所有发电机的总输出有功功率较大的情况下，系统频率便会上升，频率偏差为正值。加剧电力系统有功功率不平衡的因素有很多，多为电力系统大故障，如大容量发电设备退出运行、大面积甩负荷等，它们会使得电力系统频率偏差超出允许的范围。综上可知，频率偏差产生的根本原因是电力系统有功功率的不平衡。

2. 电力系统频率偏差超标的危害

电力系统中的发电与用电设备都是按照额定频率设计和制造的，只有在额定频率附近运行时，才能发挥最好的性能。系统频率过大的变动，对用户和发电厂的运行都将产生不利影响。系统频率变化的不利影响，主要表现在以下几个方面：

（1）频率变化将引起电动机转速的变化，由这些电动机驱动的纺织、造纸等机械的产品质量将受到影响，甚至出现残、次品。系统频率降低将使电动机的转速和功率降低，导致传动机械的出力降低，影响生产效率。

（2）无功补偿用电容器的补偿容量与频率成正比，当系统频率下降时，电容器的无功出力成比例降低，此时电容器对电压的支持作用受到削弱，不利于系统电压的调整。

（3）频率偏差的积累会在电钟指示的误差中表现出来。工业和科技部门使用的测量、控制等电子设备将受系统频率的波动而影响其准确性和工作性能，频率过低时甚至无法工作。频率偏差大使感应式电能表的计量误差加大。研究表明，频率改变 1%，感应式电能表的计量误差约增大 0.1%；频率加大，感应式电能表将少计电量。

（4）电力系统频率降低，会对发电厂和系统的安全运行带来影响。例如，频率下降时，汽轮机叶片的振动变大，影响使用寿命，甚至产生裂纹而断裂。又如，频率降低时，由电动机驱动的机械（如风机、水泵及磨煤机等）的出力降低，导致发电机出力下降，使系统的频率进一步下降。当频率降到 46Hz 或 47Hz 以下时，可能在几分钟内使火电厂的正常运行受到破坏，系统功率缺额更大，使频率下降更快，从而发生频率崩溃现象。再如，系统频率降低时，异步电动机和变压器的励磁电流增加，所消耗的无功功率增大，结果引起电压下降。当频率下降到 45 ~ 46Hz 时，各发电机及励磁的转速均显著下降，致使各发电机的电动势下降，全系统的电压水平大为降低，可能出现电压崩溃现象。发生频率或电压崩溃，会使整个系统瓦解，造成大面积停电。

表达为：频率偏差 = 实际频率 − 标称频率（我国系统标称频率为 50Hz，国外有 60Hz 的）；我国电力系统的正常频率偏差允许值为 ±0.2Hz，当系统容量较小时，频率偏差值可以放宽到 ±0.5Hz；系统有功功率不平衡是产生频率偏差的根本原因。

四、电力系统频率控制的必要性

频率控制，又称"频率调整"，是使输出信号频率与给定频率保持确定关系的自动控制方法。频率控制是电力系统中维持有功功率供需平衡的主要措施，其根本目的是保证电力系统的频率稳定。电力系统频率调整的主要方法是调整发电功率和进行负荷管理。按照调整范围和调节能力的不同，频率调整可分为一次调频、二次调频和三次调频。电力系统频率调整也是电力市场的重要组成部分。

1. 电力系统频率控制的必要性

（1）频率对电力用户的影响

① 电力系统频率变化会引起异步电动机转速变化，出现次品和废品。

② 电力系统频率波动会影响某些测量和控制用的电子设备的准确性和性能，频率过低时有些设备甚至无法工作。

③ 电力系统频率降低将使电动机的转速和输出功率降低，导致其所带动机械的转速

和出力降低，影响电力用户设备的正常运行。

（2）频率对电力系统的影响

① 频率下降时，汽轮机叶片的振动会变大。

② 频率下降到 47 ~ 48Hz 时，火电厂由异步电动机驱动的辅机（如送风机）出力随之下降，从而使火电厂发电机发出的有功功率下降。如果不能及时制止，出现频率雪崩会造成大面积停电，甚至使整个系统瓦解。

③ 发电厂的厂用机械多是使用异步电动机带动的，系统频率降低将使电动机功率降低，影响电厂正常运行。

④ 电力系统频率下降时，异步电动机和变压器的励磁电流增加，使无功消耗增加，引起系统电压下降。

2. 电力系统有功功率控制的必要性

（1）维持电力系统频率在允许范围之内

电力系统频率是靠电力系统内并联运行的所有发电机组发出的有功功率总和与系统内所有负荷消耗（包括网损）的有功功率总和之间的平衡来维持的。但是电力系统的负荷是时刻变化的，从而导致系统频率变化。为了保证电力系统频率在允许范围之内，就要及时调节系统内并联运行机组的有功功率。

（2）提高电力系统运行的经济性

当系统频率在额定值附近时，虽然频率满足要求，但没有说明哪些机组参与并联运行，并联运行的各机组应该发多少有功功率。电力系统有功功率控制的任务之一就是要解决这个问题。这就是电力系统经济调度问题。

（3）保证联合电力系统的协调运行

电力系统的规模在不断地扩大，已经出现了将几个区域电力系统联在一起组成的联合电力系统，有的联合电力系统实行分区域控制，要求不同区域系统间交换的电功率和电量按事先约定的协议进行。这时电力系统有功功率要对不同区域系统之间联络线上通过的功率和电量实行控制。

五、电力系统频率控制任务与措施

1. 基本任务和要求

调整发电功率进行频率调整，即频率的三次调整控制。而电力系统频率控制与有功功率控制密切相关，其实质就是当系统机组输入功率与负荷功率失去平衡而使频率偏离额定值时，控制系统必须调节机组的出力，以保证电力系统频率的偏移在允许范围之内。为了实现频率控制，系统中需要有足够的备用容量来应对计划外负荷的变动，还需具有一定的调整速度以适应负荷的变化。

现代电力系统频率控制的研究主要有两方面的任务：

（1）分析和研究系统中各种因素对系统频率的影响，如发电机出力、其本身的特性及相应的调速装置、负荷波动和旋转备用容量等，从而可以准确地寻找有效进行调频的切入点。

（2）建立频率控制模型，即在某一特定的系统条件下，选择恰当的发电机和负荷模型（在互联系统中还应考虑多系统互联的模型），并采用最优算法确定模型参数，在维持系统频率在给定水平的同时，考虑机组负荷的经济分配和保持电钟的准确性。

根据 GB/T 15945-1995，我国电力系统的额定频率 fN 为 50Hz，电力系统正常频率允许偏差为 ±0.2Hz（该标准适用于电力系统，但不适用于电气设备中的频率允许偏差），系统容量较小时可放宽到 ±0.5Hz。

2. 分类

一次调频是指当电力系统频率偏离目标频率时，发电机组通过调速系统的自动反应，调整有功出力以维持电力系统频率稳定。一次调频的特点是响应速度快，但是只能做到有差控制。

二次调频，也称"自动发电控制"(AGC)，是指发电机组提供足够的可调整容量及一定的调节速率，在允许的调节偏差下实时跟踪频率，以满足系统频率稳定的要求。二次调频可以做到频率的无差调节，且能够对联络线功率进行监视和调整。

三次调频的实质是完成在线经济调度，其目的是在满足电力系统频率稳定和系统安全的前提下合理利用能源和设备，以最低的发电成本或费用获得更多的、优质的电能。

3. 频率控制措施

频率控制可采用以下两种措施：

（1）正常运行时，采用自动频率控制 (AFC) 或自动发电控制 (AGC)，其主要是在负荷缓慢变化时，调节发电机的输出功率，以保持频率恒定，保持系统中联络线上的功率小于规定值；同时调节发电机功率时，还要考虑按最优经济原则分配机组出力。

（2）紧急状态下频率控制是指在系统中有功功率出现大扰动、频率出现大偏差时，尽快恢复频率至正常值，以保证电力系统的安全。

第二节　电力系统电压和无功功率控制

一、电力系统电压

1. 电压

电压 (voltage)，也称作"电势差"或"电位差"，是衡量单位电荷在静电场中由于电势不同所产生能量差的物理量。其大小等于单位正电荷因受电场力作用从 A 点移动到 B 点所做的功，电压的方向规定为从高电位指向低电位。电压的国际单位制为伏特（V，简称伏），常用的单位还有毫伏 (mV)、微伏 (μV)、千伏 (kV) 等。此概念与水位高低所造成的"水压"相似。需要指出的是，"电压"一词一般只用于电路当中，"电势差"和"电位差"则普遍应用于一切电现象当中。

2. 电压等级

电压等级是指电力系统及电力设备的额定电压级别系列。额定电压是电力系统及电力设备规定的正常电压，即与电力系统及电力设备某些运行特性有关的标称电压。电力系统各点的实际运行电压允许在一定程度上偏离其额定电压，在这一允许偏离范围内，各种电力设备及电力系统本身仍然能正常运行。

（1）分类编辑

电压等级一般可分为以下几种：

① 安全电压（通常在 36V 以下）；

② 低压（又分 220V 和 380V）；

③ 高压（10kV ~ 220kV）；

④ 超高压（330kV ~ 750kV）；

⑤ 特高压 1000kV 交流、±800kV 直流以上。

我国最高交流电压等级是 1000kV（长治—荆门线），于 2008 年 12 月 30 日投入运行。在建输电线路（向家坝—上海，锦屏—苏南特高压直流 800kV），其下有 500kV、330kV、220kV、110kV、66kV、35kV、10kV、380V、220V，其中 60kV 是由于历史原因遗留下来的，目前仅在我国东北地区存在。

我国最高直流电压等级为 ±800kV（哈密南—郑州、向家坝—上海、锦屏—苏南、溪洛渡—浙西、灵州—绍兴）、±660kV（银川东—胶东）、±500kV（葛洲坝—上海南桥线、天生桥—广州线、贵州—广东线、三峡—广东线），另有 ±50kV（上海—嵊泗群岛线）、±100kV（宁波—舟山线）。南方电网公司已建成 ±800kV 特高压直流输电线——云广特高压直流输电线路，国家电网公司已建成两条 ±800kV 特高压直流线路，分别为向家坝—上海 ±800kV 特高压直流线路及锦屏—苏南 ±800kV 特高压直流线路。

目前我国常用的电压等级：220V、380V、6.3kV、10kV、35kV、110kV、220kV、330kV、500kV、1000kV。电力系统一般由发电厂、输电线路、变电所、配电线路及用电设备构成。通常将 35kV 以上的电压线路称为送电线路。

35kV 及以下的电压线路称为配电线路。将额定 1kV 以上电压称为"高电压"，额定电压在 1kV 以下的电压称为"低电压"。

我国规定安全电压为 42V、36V、24V、12V、6V 五种。

交流电压等级中，通常将 1kV 及以下电压称为低压，1kV 以上、35kV 及以下称为中压，35kV 以上、220kV 以下称为高压，330kV 及以上、1000kV 以下称为超高压，1000kV 及以上称为特高压。

直流电压等级中，±800kV 以下称为高压，±800kV 及以上称为特高压。

（2）城市电网电压等级的合理配置

① 随着负荷的增长，我国部分地区现行使用的电压等级序列适应性有限，有必要采用新的电压等级序列。电压等级配置的实施方案需要根据城市的具体情况进行深入的可行性研究。

② 对于最终负荷密度较高的地区，可考虑逐步过渡到较高的中压配电电压；对于最终负荷密度较低、供电距离较远的地区，也可考虑采用较高的中压配电电压。

③ 为避免在新的电压等级引入过程中影响供电可靠性，可采用装设联络变的方式使不同配电电压等级的电网并网运行。

④ 对于采用新的电压等级序列的地区，可以采用国际通行的逐步蚕食的方式，经过若干年逐步过渡，形成目标电压等级序列模式。

二、电力系统电压特性

电力系统电压特性是指电力系统电压与系统功率间的相互关系。电力系统电压特性的最大特点是系统的各点电压各有其特定的数值。这些数值决定于该点的电源电压与通过该点的有功及无功功率数值，通过无功功率的大小对电压值的影响最大。

在电力由发电厂送到用户的路程中，经过了输、配电线路和各级变压器，这些设备都具有较大的电抗和相对较小的电阻（电联阻抗接近于纯电感性）。当通过与母线电压相位相差 90° 的无功电流时，将在这些设备的电抗上产生与供电母线电压同相位的电压降落，而直接使受电侧电压下降；而当通过与母线电压同相位的有功电流时，在电抗上产生的电压降落值将与电源电压差 90°，因而对受电侧电压的绝对值影响显著较小。因此，在实际的电力系统运行中，应当尽可能地避免经高电抗设备（如长距离的输电线路、传送有功功率的变压器）传送无功功率。

1. 无功负荷电压特性

无功负荷包括电力网中变压器与输电线路消耗的无功功率和用户中各种用电设备消耗的无功功率。其中主要消耗者是用电设备中大量的异步电动机，它对电力系统的无功负荷电压特性起决定作用。

2. 无功电源电压特性

调相机、发电机、静电电容器、静止补偿器等都是无功电源设备。装在负荷中心附近的调相机在电力系统需要无功功率时，可以过励磁运行，向系统抬送无功功率；当系统无功功率过剩时，它可以欠励磁运行，系统吸收相当于其规定容量 50% ~ 65% 的无功功率，故具有良好的调压作用。发电机增减其无功出力可使电压升高或降低，但发电机主要是发出有功率，且现代电力系统发电机多远离负荷，一般用发电机所发无功出力补偿输电线路损耗（重负荷时）或吸收线路多余的无功功率（轻负荷时）。静电电容器送到系统中的无功功率与其端电压的平方成正比，当系统电压下降时，其无功功率大量下降，使系统无功电源反而减少，对系统的电压稳定是不利的。各种类型的静止补偿器均有使其端电压维持恒定的特性，在需要紧急提供高速响应的无功功率情况下，在一定范围内能按系统需要送出或吸收无功功率。

3. 电力系统无功功率平衡

在系统运行中，按分层分区并有备用的原则，使无功功率达到平衡。分层是按电压等级分层，通过补偿使不同电压等级电力网之间的无功潮流为零或尽可能减小。分区是按地区补偿，使本地区内的无功功率自行平衡，免除经过输电线路输送无功功率，以维持系统稳定和电压质量系统中必须有一定数量的无功备用容量，特别是在受电地区更为必要。无功备用容量是防止在大容量补偿设备、发电机组或输电线路发生事故后，系统由于缺少无功而失去稳定。系统内在必要的地区，如受电地区，应装设一定容量的按电压降低自动减负荷装置和编排事故拉闸序位，以防止发生电压崩溃事故。

4. 无功负荷与电压的调节

在分区平衡的基础上，补偿容量须具有调节能力，以适应负荷变化和保持电压质量的要求。装设有载调压变压器，可以保持负荷点的正常供电电压，但必须有充足的无功就地补偿容量，此点是防止电力系统发生电压崩溃应注意的一个重要问题。对轧钢等大容量冲击负荷，采用静止补偿器补偿，可以平复电压闪变。

5. 对高电压长距离大容量输电线路的无功补偿

在线路两侧均应配置相应的无功功率吸收及补偿设备。目的是防止电压过高或太低，并提高线路的输送容量。如果一侧接发电厂，则应充分利用发电机组的无功功率补偿及进相运行能力。为防止电压过高，线路应实现并联电抗器补偿。对高电压长距离输电线路采用串联电容器补偿时，其主要目的是用以提高线路的输送能力，改善线路的稳定性能。

对城市中较多的电力电缆线路多用并联电抗器补偿，以防止因电缆线路失去负荷后的充电功率而产生高电压。

三、无功功率

许多用电设备均是根据电磁感应原理工作的，如配电变压器、电动机等，它们都是依靠建立交变磁场才能进行能量的转换和传递。为建立交变磁场和感应磁通而需要的电功率称为无功功率，因此，所谓的"无功"并不是"无用"的电功率，只不过它的功率并不转化为机械能、热能而已。因此在供用电系统中除了需要有功电源外，还需要无功电源，两者缺一不可。无功功率的单位为乏 (Var)。

1. 无功功率对供用电的影响

（1）降低发电机有功功率的输出。

（2）视在功率一定时，增加无功功率就要降低输、变电设备的供电能力。

（3）电网内无功功率的流动会造成线路电压损失增大和电能损耗的增加。

（4）系统缺乏无功功率时会造成低功率因数运行和电压下降，使电气设备容量得不到充分发挥。

2. 影响功率因数的主要因素

（1）大量的电感性设备，如异步电动机、感应电炉、交流电焊机等设备是无功功率的主要消耗者。据有关统计，在工矿企业所消耗的全部无功功率中，异步电动机的无功消耗占 60% ~ 70%；而在异步电动机空载时所消耗的无功又占到电动机总无功消耗的 60% ~ 70%。所以要改善异步电动机的功率因数就要防止电动机的空载运行并尽可能提高负载率。

（2）变压器消耗的无功功率一般为其额定容量的 10% ~ 15%，它的满载无功功率约为空载时的 1/3。因而，为了改善电力系统和企业的功率因数，变压器不应空载运行或长期处于低负载运行状态。

（3）供电电压超出规定范围也会对功率因数造成很大的影响。当供电电压高于额定值的 10% 时，由于磁路饱和的影响，无功功率将增长得很快。据有关资料统计，当供电电压为额定值的 110% 时，一般无功将增加 35% 左右；当供电电压低于额定值时，无功功率也相应减少而使它们的功率因数有所提高，但供电电压降低会影响电气设备的正常工作。所以，应当采取措施使电力系统的供电电压尽可能保持稳定。

3. 设法提高系统自然功率因数

提高自然功率因数是不需要任何补偿设备投资的，仅采取各种管理上或技术上的手段来减少各种用电设备所消耗的无功功率，是一种最经济的提高功率因数的方法。

（1）合理使用电动机。

（2）提高异步电动机的检修质量。

（3）采用同步电动机：同步电动机消耗的有功功率取决于电动机上所带机械负荷的大小，而无功功率取决于转子中的励磁电流大小，在欠励状态时，定子绕组向电网"吸取"感性无功；在过励状态时，定子绕组向电网"送出感性"无功。因此，对于恒速长期运行的大型机构设备可以采用同步电动机作为动力。异步电动机同步运行就是将异步电动机三相转子绕组适当连接并通入直流励磁电流，使其呈同步电动机运行，这就是"异步电动机同步化"。

（4）合理选择配变容量，改善配变的运行方式：对负载率比较低的配变，一般采取"撤、换、并、停"等方法，使其负载率提高到最佳值，从而改善电网的自然功率因数。

四、无功功率控制

1. 无功功率的危害

无功功率对供用电会产生一定的不良影响，主要表现在以下几个方面：

（1）降低发电机有功功率的输出。

（2）降低输、变电设备的供电能力。

（3）造成线路电压损失增大和电能损耗的增加。

（4）造成低功率因数运行和电压下降，使电气设备容量得不到充分发挥。

2. 无功补偿

发电机和高压输电线供给的无功功率，一般满足不了负荷的需要，所以在电网中要设置一些无功补偿装置来补充无功功率，以保证用户对无功功率的需要，这样用电设备才能在额定电压下工作。

无功补偿通常采用的方法主要有三种：低压个别补偿、低压集中补偿、高压集中补偿。下面简单介绍这三种补偿方式的适用范围及使用该种补偿方式的优缺点。

（1）低压个别补偿

低压个别补偿就是根据个别用电设备对无功的需要量将单台或多台低压电容器组分散地与用电设备并接，它与用电设备共用一套断路器（开关）。通过控制、保护装置与电机同时投切。随机补偿适用于补偿个别大容量且连续运行（如大中型异步电动机）的无功消耗，以补励磁无功为主。低压个别补偿的优点：用电设备运行时，无功补偿投入；用电设备停运时，补偿设备也退出，因此不会造成无功倒送。另外，其还具有投资少、占位小、安装容易、配置方便灵活、维护简单、事故率低等优点。

（2）低压集中补偿

低压集中补偿是指将低压电容器通过低压开关接在配电变压器低压母线侧，以无功补偿投切装置作为控制保护装置，根据低压母线上的无功负荷而直接控制电容器的投切。电容器的投切是整组进行，做不到平滑的调节。低压补偿的优点：接线简单、运行维护工作量小，使无功就地平衡，从而提高配变利用率，降低网损，具有较高的经济性，是无功补偿中常用的手段之一。

（3）高压集中补偿

高压集中补偿是指将并联电容器组直接装在变电所的 6 ~ 10kV 高压母线上的补偿方式。适用于用户远离变电所或在供电线路的末端，用户本身又有一定的高压负荷，可以减少对电力系统无功的消耗并起到一定的补偿作用；补偿装置根据负荷的大小自动投切，从而合理地提高了用户的功率因数，避免功率因数降低导致电费的增加。同时便于运行维护，补偿效益高。

第三节　电力系统安全控制

电力系统的安全稳定运行关系多行业的发展，关系整个国家的经济发展，关系人们生活水平的提升与改善。保证供电系统的稳定性，能够防止可能存在的电力安全事故，能够有效地防止可能存在的经济损失。

一、电力系统的安全性

电力系统的安全性一般是指电力系统突然发生扰动（如突然短路或非计划失去电力系统元件）时不间断地向用户提供电力和电量的能力，也有指电力系统的整体性，即电力系统维持联合运行的能力一说。

电力系统安全性、稳定性与可靠性的区别与联系：

1. 稳定性

稳定性是指电力系统可以连续向负荷正常供电的状态，即电力系统受到小干扰、大干扰（分别对应静态稳定性和暂态稳定性）经过振荡后回到稳定点或从一个稳定点过渡到另一个稳定点；稳定性和安全性都有针对小干扰、大干扰而言的意思，但可以这么理解，从某种角度而言，安全性指运行中的所有电气设备必须在不超过它们允许的电压、电流和频率的幅值和时间限幅内运行。保证电力系统稳定是电力系统安全运行的必要条件。

安全性是表征系统短时间内抗干扰的能力，属于运行范畴。

2. 可靠性

可靠性是指长时间连续正常供电的概率，属于规划范畴。可靠性是对电力系统按可接受的质量标准和所需数量不间断地向电力用户供电能力的度量。

广义的可靠性包括充裕度和安全性两方面。

充裕度（也称"静态可靠性"）是指电力系统维持连续给用户总的电力需求和总电量的能力，同时考虑到了元件的计划停运及合理的期望非计划停运，表征电网的稳态性能。

3. 安全性是动态的可靠性

可靠性是系统设计和运行的总体目标，为保证可靠性，系统绝大部分时间都必须是安全的，为保证安全性，系统必须是稳定的，同时必须对其他不能归类为稳定问题的偶然事件是安全的，如设备损坏、杆塔倒塌或者人为破坏等。

二、电力系统的稳定性

电力系统的稳定性，是给定运行条件下的电力系统，在受到扰动后，重新回复到运行平衡状态的能力。

电力系统稳定性的破坏，将造成大量用户供电中断，甚至导致整个系统的瓦解，后果极为严重。因此，保持电力系统运行的稳定性，对于电力系统安全可靠运行，具有非常重要的意义。

电力系统正常运行的一个重要标志，乃是系统中的同步电机（主要是发电机）都处于同步运行状态。所谓同步运行状态是指所有并联运行的同步电机都有相同的电角速度。在这种情况下，表征运行状态的参数具有接近于不变的数值，通常称此情况为稳定运行状态。

随着电力系统的发展和壮大，往往会有这样一些情况。例如，水电厂或火电厂通过长距离交流输电线将大量的电力输送到中心系统，在输送功率大到一定的数值后，电力系统稍微有点小的扰动都有可能出现电流、电压、功率等运行参数剧烈变化和振荡的现象，这表明系统中的发电机之间失去了同步，电力系统不能保持稳定运行状态。又如，当电力系统中个别元件发生故障时，虽然自动保护装置已将故障元件切除，但是电力系统受到这种大的扰动后，也有可能出现上述运行参数剧烈变化和振荡现象。此外，运行人员的正常操作，如切除输电线路、发电机等，也有可能导致电力系统稳定运行状态的破坏。

通常，人们把电力系统在运行中受到微小的或大的扰动之后能否继续保持系统中同步电机（最主要的是同步发电机）间同步运行的问题，称为电力系统同步稳定性问题。电力系统同步运行的稳定性是根据受扰后系统并联运行的同步发电机转子之间的相对位移角（或发电机电动势之间的相角差）的变化规律来判断的，因此，这种性质的稳定性又称为功角稳定性。

电力系统中电源的配置与负荷的实际分布总是不一致的，当系统通过输电线路向电源配置不足的负荷中心地区大量传送功率时，随着传送功率的增加，受端系统的电压将会逐渐下降。在有些情况下，可能出现不可逆转的电压持续下降，或者电压长期滞留在完全运行所不能容忍的低水平上而不能恢复。这就是说电力系统发生了电压失稳，它将造成局部地区的供电中断，在严重的情况下还可能导致电力系统的功角稳定性丧失。

电力系统稳定性的破坏，将造成大量用户供电中断，甚至导致整个系统的瓦解，后果极为严重。因此，保持电力系统运行的稳定性，对于电力系统安全可靠运行，具有非常重要的意义。

1. 国际定义分类

国际大电网会议（CIGRE）和国际电气与电子工程师学会电力工程分会（IEEE/PES）稳定定义联合工作组于 2004 年重新对电力系统稳定性进行了定义和分类，电力系统稳定性是指系统在给定的初始运行方式下，受到物理扰动后仍能够重新获得运行平衡点，且在该平衡点大部分系统状态变量都未越限，从而保持系统完整性的能力。

IEEE/CIGRE 稳定定义联合工作组根据电力系统失稳的物理特性、受扰动的大小及研究稳定问题必须考虑的设备、过程和时间框架，将电力系统稳定分为功角稳定、电压稳定和频率稳定三大类。

（1）功角稳定

功角稳定是指互联系统中的同步发电机受到扰动后，保持同步运行的能力。功角失稳可能由同步转矩或阻尼转矩不足引起，其中同步转矩不足引起非周期失稳，阻尼转矩不足将引起振荡失稳。

根据扰动的大小，将功角稳定分为小扰动功角稳定与大扰动功角稳定。

小扰动功角稳定是指系统遭受小扰动后保持同步运行的能力，它取决于系统的初始运行状态。由于扰动足够小，因此在分析时，可在平衡点将描述系统的非线性方程线性化，在此基础上对稳定问题进行研究。小扰动功角稳定可表现为转子同步转矩不足引起的非周期失稳，以及阻尼转矩不足引起的转子增幅振荡失稳，小扰动失稳研究的时间范围通常是 10 ~ 20s。

大扰动功角稳定又称暂态功角稳定，是指电力系统遭受线路短路、切机等大扰动时，保持同步运行的能力，它由系统的初始运行状态和受扰动的严重程度共同决定。由于扰动足够大，因此必须用非线性微分方程来研究。大扰动功角稳定表现为非周期失稳和振荡失稳两种模式。非周期失稳大扰动功角稳定问题，研究的时间范围通常是受扰后 3 ~ 5s，振荡失稳的研究时间范围通常是 10 ~ 20s。

小扰动功角稳定与大扰动功角稳定均是一种短期现象。

（2）电压稳定

电压稳定是指处于给定运行点的电力系统在经受扰动后，维持所有节点电压为可接受值的能力。它依赖于系统维持或恢复负荷需求和负荷供给之间平衡的能力。根据扰动的大小，IEEE/CIGRE 将电压稳定分为小扰动电压稳定和大扰动电压稳定。这符合一般的非线性系统和线性系统的稳定性定义。

小扰动电压稳定是指系统受到小的扰动后，如负荷的缓慢增长等，维持电压的能力。

这类形式的稳定受某一给定时刻负荷特性、离散和连续控制影响。借助适当的假设，在给定运行点对系统动态方程进行线性化处理，从而可以用静态方法对小扰动电压稳定进行研究，从线性化计算可以得到有价值的灵敏度信息等。这些信息在确定影响系统稳定的主要因素时非常有用。

大扰动电压稳定是指系统受到大的扰动后，如系统故障、失去负荷、失去发电机等，维持电压的能力。这类形式的稳定取决于系统特性、负荷特性、离散和连续控制与保护及它们之间的相互作用。确定这种稳定形式需要在一个足够长的时间周期内，检验系统的动态行为，以便能够捕捉到诸如电动机、有载调压变压器、发电机励磁电流调节器等设备的运行及它们的相互作用。一般用包含合适模型的非线性时域仿真法来研究大扰动电压稳定问题，根据需要研究时间范围可从几秒到几十分钟。

电压稳定可能是短期的或长期的现象。短期电压稳定与快速响应的设备有关，必须考虑负荷的动态，及邻近负荷的短路故障，研究时间在几秒钟；长期电压稳定与慢动态设备有关，它通常由连锁的设备停运引起，与初始扰动程度无关，研究时间可以是几分钟或者更长的时间。

值得一提的是，IEEE/CIGRE 对于正确区分功角稳定和电压问题给出了明确的解释，功角稳定和电压稳定的区别并不是基于有功/功角和无功/电压幅值的弱耦合关系。实际上，对于重载情况下的电力系统，有功/功角和无功/电压幅值之间具有很强的耦合关系，功角稳定和电压稳定都受到扰动前有功、无功潮流的影响。

（3）频率稳定

频率稳定是指电力系统受到严重扰动后，发电和负荷需求出现大的不平衡，系统仍能保持稳定频率的能力。电力系统功率不平衡量是变化的，频率的变化是一个动态过程。频率稳定可以是短期的或长期的现象。

2. 我国定义分类

我国 DL 755-2001《电力系统安全稳定导则》规定，电力系统稳定性是指电力系统受到事故扰动后保持稳定运行的能力。根据动态过程的特征和参与动作的元件及控制系统，将电力系统稳定分为功角稳定、电压稳定和频率稳定三大类。

（1）功角稳定

根据受扰动的大小以及导致功角不稳定的主导因素不同，功角稳定可分为静态稳定、小扰动动态稳定、暂态稳定和大扰动动态稳定。

静态稳定是指系统受到小扰动后不发生周期性失稳，自动恢复到初始运行状态的能力。

它是由同步力矩不足引起的，属于小扰动动态稳定的一种，主要用来定义系统正常运行和事故后运行方式下的静态稳定储备情况。

小扰动动态稳定是指系统受到小扰动后，不发生周期性振荡，保持较长过程稳定运行的能力。它是由阻尼力矩不足引起的，主要用于分析系统正常运行和事故后运行方式下的阻尼特性。

暂态稳定是指系统受到大扰动后，各同步机保持同步运行并过渡到新的或恢复到原来稳定运行方式的能力。它通常指第一、二摇摆不失去稳定性，主要用于确定系统暂态稳定极限和稳定措施。

大扰动动态稳定是指系统受到大扰动后，在系统动态元件和自动装置的作用下，保持系统稳定性的能力。它主要用于分析系统暂态稳定后的动态稳定性。

（2）电压稳定

电压稳定是指电力系统受到小的或大的扰动后，系统电压能够保持或恢复到允许的范围内，不发生电压崩溃的能力。根据受扰动程度的大小其可分为静态电压稳定和大扰动电压稳定。

静态电压稳定是指系统受到小扰动后，系统电压能够保持或者恢复到允许的范围内，不发生电压崩溃的能力。它主要用来定义系统正常运行和系统事故后运行方式下的电压静态稳定储备系数。

大扰动电压稳定是指电力系统受到大扰动后，系统不发生电压崩溃的能力，包括暂态电压稳定、动态电压稳定和中长期电压稳定。暂态电压稳定主要用于分析快速的电压稳定问题；中长期电压稳定主要用于分析在响应较慢的动态元件和控制装置作用下的电压稳定性。

（3）频率稳定

频率稳定是指系统受到严重扰动后，出现较大的有功功率不平衡，系统频率仍能够保持或恢复到允许的范围内，不发生频率崩溃的能力。它主要用于分析系统的旋转备用容量和低频减载负荷配置的有效性与合理性，以及机网协调控制等问题。

3. 提高稳定措施

提高系统稳定的措施可以分为两大类：一类是加强网架结构，另一类是提高系统稳定的控制和采用保护装置。

（1）加强电网网架，提高系统稳定。线路输送功率能力与线路两端电压之积成正比，与线路阻抗成反比。减少线路电抗和维持电压，可提高系统稳定性。增加输电线回路数、采用紧凑型线路都可减少线路阻抗，前者造价较高。在线路上装设串联电容是一种有效地减少线路阻抗的方法，比增加线路回路数要经济。串联电容的容抗占线路电抗的百分数称为补偿度，一般在50%左右，过高将容易引起次同步振荡。在长线路中间装设静止无功补偿装置（SVC），能有效地保持线路中间电压水平（相当于长线路变成两段短线路），并快速调整系统无功，是提高系统稳定性的重要手段之一。

（2）电力系统稳定控制和保护装置。提高电力系统稳定性的控制可包括两个方面：①失去稳定前，采取措施提高系统的稳定性；②失去稳定后，采取措施重新恢复新的稳定运行。

三、电力系统安全监测控制

1. 电力系统安全监测控制的重要性

经过不断研究我们发现，合理利用控制电力系统的技术，提高系统安全监测的控制，不但可以增加系统的安全性和可靠性，还能够促进电力系统行业发展，是一种十分有效的经济方式。如果想要保障系统具有合理的安全性，需要使用的控制方式有以下两方面：（1）利用有效和完善的安全监测控制方式；（2）加强电网的建设和合理安排电网结构。电力系统安全监测控制具有一定的重要性，合理安排配置，可以在一定程度上提高输电能力，并且保证系统稳定安全地运行。

2. 电力系统安全监测控制的类型

从作用时机方面来说，可以把电力系统安全监测控制分为三种，即恢复控制、预防控制以及紧急控制，分别对应于供电中断以后的恢复、故障以前的平衡状态以及故障之后的暂态过程。依据不同的控制决策、传递、采集信息的方式可以分为以下三种控制方式：

（1）就地控制模式。可以把就地性控制合理地安装到每一个控制站，并且相互之间不会出现影响，只是依据就地信息来切换以及判断主站、母线出现的故障。

（2）集中式控制方式。此控制方式具有独立数据采集系统以及通信系统，在调度中心设置控制中心，以便于实时监测系统的状态，并且依据实际运行状态来合理地更改控制策略、故障情况，发出一定的控制命令，达到安全监测的目的。

（3）区域控制模式。区域稳定控制系统主要就是保障电网可以安全稳定运行而安装的控制设置，通过通信接口和通道设施进行连接。

3. 电力系统安全监测控制的措施

影响电力系统安全的主要原因就是破坏了电力系统内部无功功率和有功功率之间的平衡，而且不可以进行恢复，所以促进电力系统安全运行的主要方式就是基于以上原理进行分析的。现阶段，根据电力系统安全的情况，使用最广泛的就是负荷切除、切除发电机、汽轮机快关汽门、系统解列、电气制动以及发电机励磁附加稳定控制等方式。

（1）发电机励磁附加稳定控制

通过分析电力系统极限功率的表达式 $Pm=EV/X$，如果可以有效地降低发电机的电抗能，就能够显著地增加电力系统的输送能力和功率极限。利用发电机相对加速度公式

a=wn △ Mu/Tj 可以发现，如果可以减小加速度 a，就能够有效地降低受到干扰之后发电机相对动能变化情况，从而可以在一定程度上提高系统的稳定性。如果可以降低发电机电抗以及提高发电机惯性常数，也会适当提高消耗材料的数量，此外，还会增加电力重量和尺寸，所以这种方式不是十分适合。如果可以通过改变发电机励磁调节系统来改变发电机特性，不但可以增加功率极限，还可以保障有效地扩大系统范围，因此，这种方式一般都是使用在安装自动励磁调节装置的电力系统中。

（2）切除发电机

切除发电机又叫作切机，这种保证电力系统稳定性的方式具有多年的研究历史。切除发电机实际上就是在电力系统出现短路故障和输电线路断开的时候，为了尽可能地避免由于加速导致电力系统失去安全性，相关技术人员需要尽快切除部分发电机组。使用这种技术的时候，需要相关操作人员全面分析功率的供需平衡问题。

（3）切除负荷

经过分析表明，电力系统负荷一般都处在经常变化的情况下，为了保障电力系统传输功率的质量，需要合理利用控制系统频率，以便达到合理控制负荷的目的。此外，一旦电力系统运行中失去电源，想要保障系统的稳定性，就需要合理地切除部分负荷。

（4）汽轮机快关汽门

如果正在运行的电力系统遭受到一定的大干扰，就会使发电机轴上形成不平衡的功率，从而促使发电机发生比较剧烈的运动，破坏电力系统的稳定性。在运行的时候，如果调节原动机非常灵敏，需要保证能够符合电磁功率的实际变化情况，可以在一定程度上降低不平衡的发电机功率，导致电力系统失去应有的稳定性。想要保障在出现故障之后具有比较小的输入功率，就需要完全消除输出功率和输入功率之间出现的不平衡，相关操作人员需要合理地利用再热式汽轮机组，控制发电机功角检测装置、汽轮发电机快速调节气门以及微机控制的高速系统，充分分析功角变化的实际情况，然后快速交替开、关气门，尽可能降低振荡时间，达到系统安全稳定的运行。

（5）电气制动

在电力系统运行的时候，一部分水流以及水电厂调节阀门拥有一定的惯性，因此需要把电气制动看作一种可以很好地提高水电厂稳定性、安全性的重要方式。

（6）电力系统的失步解列装置

经过长期的发展，电力系统不管是严格依据相关规定稳定、安全的运行，还是全面控制和分析电力系统的安全，总会在不知道的情况下出现偶然。在许多偶然因素经过叠加以后，会在一定程度上破坏系统的安全性，如果不能及时处理故障，就可能出现十分严重的后果。例如，长时间、大范围停电。所以，失步解列装置对于降低电力系统造成的影响具有很大的作用，可以避免大面积停电。

第四节 电力系统中断路器的控制

一、断路器

1. 断路器简介

断路器是发电厂、变电所主要的电力控制设备，具有灭弧特性。当系统正常运行时，它能切断和接通线路以及各种电气设备的空载和负载电流；当系统发生故障时，它和继电保护配合，能迅速切断故障电流，以防止扩大事故范围。因此，断路器工作的好坏，直接影响电力系统的安全运行。无论电力线路处在什么状态，如空载、负载或短路故障，当要求断路器动作时，它都应能可靠地动作，闭合或切断电路。断路器能够开断、关合及开断规定的异常电流，如过载电流和短路电流。断路器在电网中起着三个方面的作用：

（1）根据电网运行需要，断路器具有控制作用，断路器把部分电力设备或线路投入或退出运行。

（2）断路器在电力线路或设备发生故障时将故障部分从电网中快速切除，保证电网中的无故障部分正常运行，具有保护作用。

（3）断路器能将检修设备或安装设备与高压电源隔离，具有安全隔离作用，保证检修安装人员及设备的安全。

2. 断路器的分类

（1）3kV 以下的断路器称为低压断路器，3kV 及以上电力系统中使用的断路器称为高压断路器。

（2）目前有发电机断路器和控制、保护发电机用的断路器。断路器的额定电压在40.5kV 以下，额定电流大，不需要快速自动重合闸。输电断路器是用于 110(63)kV 及以上输电系统的断路器，其中 110kV、220kV 电压等级使用的断路器称为高压断路器，330kV 以上电压等级使用的断路器称为超高压断路器。输电断路器除要求具备快速自动重合闸功能外，还常要具备开合近区故障、失步故障，架空线和电缆线路充电电流的能力。由于电压高，因此断路器的结构也比较复杂。配电断路器是用于 36(63)kV 及以下的配电系统中的断路器。这类断路器除要求具备快速自动重合闸的功能外，还要求具备开合电容器组（单个电容器组或多个电容器组）和电缆电路充电电流的能力。其电压低，断路器的结构相对简单。控制断路器是用于控制、保护经常需要启停的电力设备（高压电动机、电弧炉等）的断路器。断路器的额定电压在 2kV 以下，要求断路器能够频繁操作并具有较高的机械和电寿命。

（3）按断路器灭弧原理划分，可分为油断路器（多油或少油）、压缩空气断路器、六氟化硫断路器、真空断路器、磁吹断路器等。目前用的较多的是少油断路器、真空断路器和六氟化硫断路器。

（4）常用的低压断路器有万能式断路器（标准型式为 DW）、塑壳式断路器（标准型式为 DZ）、智能化低压断路器。

3. 对断路器的要求

电力系统的运行状态、负载性质是多种多样的，作为控制、保护元件的断路器，必须满足电力系统的安全运行。因此，对它提出了多方面的要求。

（1）断路器在额定条件下，应能长期可靠地工作。绝缘部分应能长期承受最大工作电压，还应能承受操作过电压和大气过电压。在长期通过额定电流时，各部分的温度不得超过允许值，工作要可靠。

（2）断路器应能快速断开，即跳闸时间要短，灭弧速度要快。当电网发生短路故障时，要求继电保护系统动作要快，断路器断开越迅速越好。这样可以缩短电网的故障时间和减轻短路电流对于电气设备的危害，更重要的是在超高压电网中，缩短断路器的断开时间，可以增加电力系统的稳定性，从而保证输电线的输送容量。因此，分闸时间是高压断路器的一个重要参数。

（3）架空输电线路的短路故障，大多数是雷害、鸟害等临时性能故障。因此，为了提高供电可靠性并增加电力系统的稳定性，线路保护多采用自动重合闸方式。断路器重合后，如故障并未消除，断路器必须再次跳闸，切断短路故障。

（4）采用自动重合闸的断路器，应在很短时间内可靠地连续合分几次短路故障，所以断路器的负担是很重的。为此，要求断路器有较高的动作速度，且无电流隔时间要短，在多次断开故障以后，断路器的遮断容量不应该降低或降低甚少。目前采用的三相快速自动重合闸的无电流间隔时间不大于 0.35s。单相自动重合闸的无电流间隔时间一般整定在 1s 左右，以保证重合闸的成功率。

（5）遮断（断流）容量要大于系统断路容量，应该具有足够的断路能力。断路器在切断电路时，主要的困难是熄灭电弧。由于电网电压较高，电流较大，断路器在切断电路时，触头分离后，触头间还会出现电弧，只有将电弧熄灭，电路中的电流才能被切断，电路的断开任务方为完成。标志高压断路器短路故障能力的参数是遮断容量（断流容量），一般遮断容量大，就表示断路器切断故障电流能力大。反之，则切断故障电流能力小。在电网有三相之间的各种形式的短路，如三相、两相、单相接地和异地两相接地短路等。对于这些故障，断路器必须能够正常切断。因此，断路器的遮断容量必须大于短路容量，以避免断路器在断开短路电流时引起爆炸或扩大故障。

（6）断路器在通过短路电流时，要有足够的动稳定性和热温度性。所谓动稳定性，就是断路器能够承受短路电流所产生的电动力作用而不致被破坏的能力。当电力系统发生断路时，在断路器中通过很大的短路电流，由电流而产生的电动力能够达到很大数值。一方面，它可能在断路器的部件上（如套管等）产生很大的机械力，造成部件的机械损坏；另一方面，电动力使一定结构的触头减少了接触力，改变了触头的工作状态。因此，必须满足热温度性要求，不使断路器受到机械损坏。所谓热温度性，就是断路器能承受短路电流所产生的热效应作用而不致损坏。当电力系统发生短路时，在断路器中通过很大的短路电流，由于短路电流作用的时间很短，电流在断路器中形成的电阻损耗、介质损耗等所产生的热量来不及向外散出。因此发热体的温度将急剧上升。这样，将导致金属材料机械强度显著降低，触头进一步氧化而被破坏，有机绝缘和变压器油会加速老化，使击穿电压大大降低，最后导致断路器的工作故障。因此，断路器在遮断短路电流时，各部分的温度不应超过短路时工作的允许值，以保证断路器的安全运行。尤其是在短路故障时，应能可靠地切断短路电流，并保证具有足够的动稳定性和热温度性。

（7）在要求安全可靠的同时，还应考虑到经济性。应有尽可能长的机械寿命和电气寿命。并要求结构简单、价格低廉、体积小、重量轻以及安装维护方便。

4. 断路器的运行条件

各种类型的高压断路器，允许按额定电压和额定电流长期运行。断路器负荷电流一般不应超过其额定值。在事故情况下，断路器过负荷也不得超过 10%，时间不得超过 4h。断路器安装地点的系统短路容量不应大于其铭牌规定的开断容量。当有短路电流通过时，应能满足热温度性和动稳定性的要求。严禁将拒绝跳闸的断路器投入运行。断路器跳闸后，若发现绿灯不亮而红灯已熄灭，应立刻取下断路器的控制熔断器，以防跳闸线圈烧毁。严禁对运行中的高压断路器施行慢合慢分试验。断路器在事故跳闸后，应进行全面、详细的检查。对切除短路电流跳闸次数达到一定数值的高压断路器，应视具体情况，根据原部颁布的《高压断路器检修工艺导则》制定的临时性检修周期要求进行临时检修。未能及时停电检修时，应申请停用重合闸。对于六氟化硫断路器和真空断路器应视故障程度和现场情况来决定是否进行临时检修。

断路器无论是什么类型的操动机构（电磁式、弹簧式、气动式、液压式），均应保持足够的操作能源。采用电磁式操动机构的断路器禁止用手动杠杆或千斤顶的办法带电进行合闸操作。采用液压（气压）式操动机构的断路器，如果因压力异常导致断路器分、合闸闭锁时，不准擅自解除闭锁进行操作。

断路器的金属外壳及底座应有明显的接地标志并可靠接地。断路器的分、合闸指示器应易于观察，且指示正确。所有断路器绝对不允许在带有工作电压时使用手动机构合闸，或手动就地操作按钮合闸，以避免故障短路引起断路器爆炸和危及人身安全。对油断路器，只有在遥控合闸失灵又需要紧急运行且肯定电路中无短路和接地时，操作人员可站在墙后或金属遮板后，进行手动机械合闸，以防止可能的喷油；对于空气断路器而言，可手动就地操作按钮合闸。所有运行中的断路器，禁止使用手动机械分闸或手动地操作按钮分闸，只有在遥控跳闸失灵或发生人身及设备事故而来不及遥控断开断路器时，方可允许手动机械分闸（油断路器）或者就地操作按分闸（空气断路器）。对于装有手动自动重合闸的断路器，在条件可能的情况下，应在手动分闸后，立即检查是否重合上了，若已重合上即应再手动分闸。

明确断器的运行分、合闸次数，以保证一定的工作年限。根据标准，一般断路器允许空载分、合闸次数（也称机械寿命）应在 1000 ~ 2000 次之间。为了加长断路器的检修周期，断路器还应有足够的电寿命，即允许连续分、合短路电流或负荷电流的次数。

一般来说，装有自动重合闸的断路器，在切断 3 次短路故障后，应将重合闸停用；断路器在切断 4 次故障电流后，应对断路器进行计划外的检修，以避免断路器再次切断故障电流，造成断路器的损坏或爆炸。但是，断路器切断短路故障跳闸的次数和故障检修周期的关系，限于各种因素，目前还没有一个具体的规定，只能由专业人员搜集和积累各台断路器故障检修的情况，以便根据具体情况找出它们之间的相应关系。

禁止将有拒绝分闸缺陷或严重缺油、漏油、漏气等异常情况的断路器投入运行。若需紧急运行，必须采取措施，并得到上级运行领导人的同意。对采用空气操作的断路器，其气压应保持在允许的调整范围内，若超出允许范围，应及时调整，否则停止对断路器的操作。一切断路器均应在断路器轴上装有分、合闸机械指示器，以便运行人员在操作或检查时用它来校对断路器断开或合闸的实际位置。

在检查断路器时，运行人员应注意辅助接点的状态。若发现接点在轴上扭转，接点松动或固定触片自转盘脱离，应紧急检修、检查断路器合闸的同时性。因调整不当、拉杆断开或横梁折断而造成一相未合闸，在运行中会引起"缺相"，即两相运行。如检查到断路器某相未合上时，应立即停止运行。多油断路器的油箱或外壳应有可靠的接地。运行人员做外部检查时，应注意其接地是否良好，尤其在断路器运行中取油样时，更应注意。少油断路器外壳均带有工作电压，故运行中值班人员不得任意打开断路器室的门或网状遮拦。

二、电力系统断路器常见故障

1. 高压断路器

（1）产生误动、拒动事故的原因分析。所谓拒动、误动事故，指的是在高压断路器中，在不该动作及拒合、拒分时却出现乱动。在所有同类型事故当中，拒分事故要占到一半以上，因而拒分是一种常出现的事故。究其原因，最为主要的就是因为存在不当的检修、不当的安装、不当的调试以及不当的制造质量等问题。此外，在很多时候也与二次接触不良这种现象有关，正是这些问题的存在，致使拒分事故的发生。因此，使用部门一定要多与制造部门进行沟通，尽可能保证高压断路器在这些方面，如材质选择、设计定型、工艺要求、调试须知及必需的备品备件等，能够合理、耐用，把来自人的主观因素带来的事故予以制止和加以避免，真正做到防患于未然。

（2）关于开断与关合事故的形成原因分析。产生开断和关合事故主要与在开断过程中油断路器存在以下因素有关：①有短路存在于喷油器中。②灭弧室有烧毁现象。③断路器开断能力比较差。④完成关合速度存在偏低的加速度。开关本体要经常观察，即使是操作箱内继电器仍能启动，但开关仍无法合闸这种情况，在主控室由一个人进行操作，再另外安排一个人对开关合闸所产生的动作声音进行关注，对于这个开关合闸线圈的动作声音，若在平常无异常，而在此时却发生异常，则意味着开关合闸线圈存在故障。若存在合闸脉冲，则意味着拒动存在于合闸线圈中，那就要安排检修人员赶到现场加以处置。若已合闸，且合闸线圈无异常，但机构不动，则需安排运行人员就开关能否储能进行有效检查，具体检查内容主要包括以下几点：①开关大合闸保险是否完好。②操作程序是否准确无误。③机械闭锁是否相互关联。④各项开关压力指标是否处于正常状态，是否存在闭锁信号。通过检查确定一切正常，就可安排检修人员来对机构进行检查。有关这些实施开关操作时碰到的现象，最为关键的一点，就是要对保护屏操作箱继电器能否正常启动进行检查，在此基础上再对开关跳、合闸线圈能否正常启动进行检查，最后依据这些确定所产生的问题应由哪个部门来负责处理。

（3）产生截流事故的原因分析。通常情况下，截流事故多数跟动、静触头的接触不佳有联系，未能完成接触或接触不佳，多数跟隔离插头及动、静触头无法达到良好接触有关。在大电流的长时间影响之下，出现温度过高，以致触头被严重损坏，如烧融或者产生松动脱落等问题。因此，正确进行高压断路器触头弹簧材质的选定、做好热处理以及调整好触头所承受的压力，这是有效预防截流事故产生的重要途径。

2. 低压断路器

塑料外壳式断路器和万能式断路器是低压断路器的两种主要类型，它们的构成主要是本体和附件。本体之中，不夹有任何附件，但有能力保护好电路的分与合，而且在有短路存在于设备或者电路的情况下，可自行把故障予以切断。至于附件，主要是对断路器起弥补和强化作用。此外，还可实现断路器产生新功能，如扩大保护和控制手段等，让断路器具有更为广阔的适用范围、更为齐全的保护功能和更多更灵活的操作和安装方式。总的来看，出现低压断路器故障的原因，主要有两大类：第一是技术方面的原因；第二是工作方面的原因。若因产品自身或产品自身运行方式所存在的缺陷而产生故障，这就是变压器技术层面上的原因；而工作方面的原因，指的就是因工作者自身工作失误而引起上述缺陷。当前断路器附件已是断路器的一个极为重要的构成部分，但就附件自身来看，也并非越完整越可靠，因而为有效地制止产生不必要的浪费，一定要基于实际保护线路和控制线路的情况来对附件进行科学合理的应用。此外，还要把电压级别、电流性质以及辅助触头的具体对数搞清楚，一定要确保应用得当，这样才能起到有效的保护作用，而且能获得较大的经济效益。

3. 断路器开关跳闸线圈

在操作高压开关过程中，经常会出现合、跳闸线圈被烧毁这种故障，被烧毁的跳闸线圈主要集中于 10kV 开关。特别是在进行合闸过程中，把跳、合闸线圈烧毁这种故障，更易出现。由于受制于经济技术，10kV 开关，其结构较为简洁，若与高压等级开关相比，其安全可靠性更不值得一提，再加上这种开关自身也存在着极大的缺陷，这就是为何10kV 开关总是产生故障的原因所在。在日常工作中，为确保设备产生故障时能自行跳闸，开关跳闸一定要拥有足够强悍的稳定性能，这主要是针对多数线圈烧毁在合闸线圈上这个原因的。基于当前微机对控制回路的保护，绝大部分拥有跳、合闸自我保护回路，就自动操作或手动操作而言，只需发出合闸命令，就可让合闸回路一直维持在自我保护这种状态，直到把开关关合，通过切换断路器辅助接点，流淌于合闸回路上的合闸电流才能断开。若存在种种因素未能让开关自行合上，或者发生此类情景，就是合上开关，断路器辅助接点也无法切换到位，则回闸保持回路就会处在保持状态，若这种情况一直保持下去，就会烧毁合闸线圈；若是属于电磁机构，则多数情况下还会把大合闸线圈及合闸接触器线圈烧毁，严重时甚至会把保护装置的操作插件烧毁。

三、断路器控制回路

一次设备是指直接用于生产、输送、分配电能的电器设备，包括发电机、电力变压器、断路器、隔离开关、母线、电力电缆和输电线路等，是构成电力系统的主体。二次设备是用于对电力系统及一次设备的工况进行监测、控制、调节和保护的低压电气设备，包括测量仪表、通信设备等。二次设备之间的相互连接的回路统称为二次回路，它是确保电力系统安全生产、经济运行和可靠供电不可缺少的重要组成部分。